西安交通大學 本科“十二五”规划教材
“985”工程三期重点建设实验系列教材

水污染控制工程实验

主编 王云海 杨树成 梁继东 张 瑜

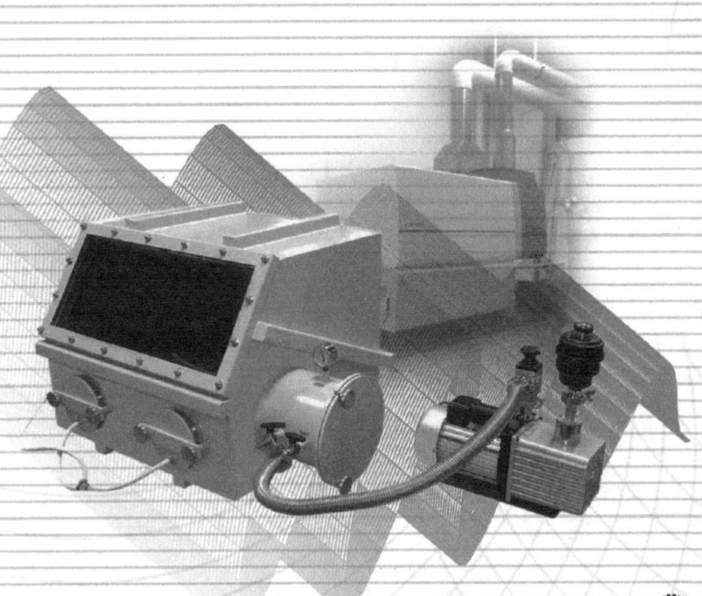

西安交通大学出版社
XI'AN JIAOTONG UNIVERSITY PRESS

内容提要

“水污染控制工程实验”是环境工程等专业必修课程，是水污染控制工程课程教学的重要组成部分。本书是西安交通大学本科“十二五”规划系列实验教材，教材内容是根据环境工程类专业教材编审委员会制定的“水污染控制工程实验教学基本要求”，结合编者在教学科研工作中的体会以及我国水污染控制的实际需要而编写的。

全书内容共分总论、实验和设备三篇，包括绪论、实验设计、误差与实验数据处理、实验水样的采集与保存、基础性实验、应用性实验、开放性实验、实验常用仪器设备及说明等八章。本实验教材适合作为高等院校师生的实验教学和学习参考书，并可供从事环境类学科相关的研究生、科研工作人员及工程设计人员参考。

图书在版编目(CIP)数据

水污染控制工程实验/王云海等主编. —西安：西安交通大学出版社，2013.12(2021.1 重印)
ISBN 978-7-5605-5376-4

Ⅰ.①水… Ⅱ.①王… Ⅲ.①水污染-污染控制-实验 Ⅳ.①X520.6-33

中国版本图书馆 CIP 数据核字(2013)第 141819 号

策　　划 程光旭　成永红　徐忠锋

书　　名 水污染控制工程实验
主　　编 王云海　杨树成　梁继东　张　瑜
责任编辑 田　华

出版发行 西安交通大学出版社
(西安市兴庆南路 1 号　邮政编码 710048)
网　　址 http://www.xjtupress.com
电　　话 (029)82668357　82667874(发行中心)
(029)82668315(总编办)
传　　真 (029)82668280
印　　刷 西安日报社印务中心

开　　本 727mm×960mm　1/16　**印张** 11.125　**字数** 187 千字
版次印次 2013 年 12 月第 1 版　2021 年 1 月第 5 次印刷
书　　号 ISBN 978-7-5605-5376-4
定　　价 22.00 元

读者购书、书店添货，如发现印装质量问题，请与本社发行中心联系、调换。
订购热线：(029)82665248　(029)82665249
投稿热线：(029)82664954
读者信箱：jdlgy@yahoo.cn

Preface 序

教育部《关于全面提高高等教育质量的若干意见》(教高〔2012〕4 号)第八条“强化实践育人环节”指出,要制定加强高校实践育人工作的办法。《意见》要求高校分类制订实践教学标准;增加实践教学比重,确保各类专业实践教学必要的学分(学时);组织编写一批优秀实验教材;重点建设一批国家级实验教学示范中心、国家大学生校外实践教育基地……这一被我们习惯称之为“质量 30 条”的文件,“实践育人”被专门列了一条,意义深远。

目前,我国正处在努力建设人才资源强国的关键时期,高等学校更需具备战略性眼光,从造就强国之才的长远观点出发,重新审视实验教学的定位。事实上,经精心设计的实验教学更适合承担起培养多学科综合素质人才的重任,为培养复合型创新人才服务。

早在 1995 年,西安交通大学就率先提出创建基础教学实验中心的构想,通过实验中心的建立和完善,将基本知识、基本技能、实验能力训练融为一炉,实现教师资源、设备资源和管理人员一体化管理,突破以课程或专业设置实验室的传统管理模式,向根据学科群组建基础实验和跨学科专业基础实验大平台的模式转变。以此为起点,学校以高素质创新人才培养为核心,相继建成 8 个国家级、6 个省级实验教学示范中心和 16 个校级实验教学中心,形成了重点学科有布局的国家、省、校三级实验教学中心体系。2012 年 7 月,学校从“985 工程”三期重点建设经费中专门划拨经费资助立项系列实验教材,并纳入到“西安交通大学本科‘十二五’规划教材”系列,反映了学校对实验教学的重视。从教材的立项到建设,教师们热情相当高,经过近一年的努力,这批教材已见端倪。

我很高兴地看到这次立项教材有几个优点：一是覆盖面较宽，能确实解决实验教学中的一些问题，系列实验教材涉及全校12个学院和一批重要的课程；二是质量有保证，90％的教材都是在多年使用的讲义的基础上编写而成的，教材的作者大多是具有丰富教学经验的一线教师，新教材贴近教学实际；三是按西安交大《2010版本科培养方案》编写，紧密结合学校当前教学方案，符合西安交大人才培养规格和学科特色。

最后，我要向这些作者表示感谢，对他们的奉献表示敬意，并期望这些书能受到学生欢迎，同时希望作者不断改版，形成精品，为中国的高等教育做出贡献。

西安交通大学教授

国家级教学名师

2013年6月1日

Foreword 前言

《水污染控制工程实验》是环境工程、环境科学和给水排水专业重要的必修课，是水污染控制工程、给水排水工程、工业废水处理等课程的配套教材。通过本课程的学习，可以加深学生对水处理技术基本原理的理解，培养学生设计和组织水处理实验方案的初步能力，提高学生开展水处理实验的一般技能及使用实验仪器、设备的基本能力，提高学生分析实验数据与处理数据的基本能力，同时通过本课程的学习将能有效提高学生动手实践能力和创新思维能力。

本实验教材内容是在参考国内外有关资料并结合编者多年的科研和教学实践的基础上确定的。全书共分总论、实验和设备三篇，包括绪论、实验设计、误差与实验数据处理、实验水样的采集与保存、基础性实验、应用性实验、开放性实验、实验常用仪器设备及说明等八章。为了使教材内容及实验手段更具有先进性和实用性，教材中选用的实验有很多是目前国内外较为先进的水处理工艺和技术。所选用的教学实验装置与设备，既有代表传统水处理工艺的，又有代表近年来国内外热点的新工艺、新技术的。这对提高学生实践动手能力、开拓学生视野并提高创新思维能力具有重要意义。为了使本书内容更系统和完整，使学生易于接受和理解，书中给出了与教学实验密切相关的一些水质分析检测方法和仪器使用说明。本实验教材的第1章绪论由王云海编写，第2、3、4章由梁继东编写，第5章由杨树成和王云海共同编写，第6章由王云海和杨树成共同编写，第7章由王云海和梁继东共同编写，第8章由张瑜编写。

全书由王云海负责统稿，在本书编写过程中，研究生付蓉、刘亚鹏、王白石、房孝文、李相霖、王东琦、杜文静、崔晓敏、江健等协助搜集整理了部分资料。同时本书也参考了大量专家学者的相关文献资料，借鉴引用了部分内容，在此一并表示诚挚的感谢。本教材的编写得到了西安交通大学本科“十二五”规划教材建设资助。

本书适合作为高等院校师生的实验教学和学习参考书，并可供从事环境保护、环境科学、环境工程、给水排水的研究生、科研工作人员及工程设计人员阅读和参考。各单位可根据实际情况选做其中的部分实验项目。

由于编者水平有限，疏漏和不妥之处在所难免。恳请广大读者批评指正。

编　者

2013年3月

Contents 目录

第一篇　总论篇

第二篇　实验篇

第三篇　仪器设备篇

第一篇　总论篇

第1章　绪论

1.课程的主要内容

水污染控制工程实验技术是对环境类学科本科水污染控制工程、水处理生物学、给排水化学、水处理工程、水力学等相关专业课程中的重要知识点和规律的实践性检验。意在通过基础性的实验操作训练，使学生掌握相关的基本实验技能和简单的仪器、设备及测量工具的原理和使用方法；通过直观观察相关的试验现象、收集相关实验数据并进行数据分析，使学生在实践中加强对专业基础技术知识的准确理解和巩固以及提高学生的动手实践能力和创新思维能力。

为此本实验课程的主要内容包括了着重基础的实验理论知识学习和基础的实验操作技能培养的基础性验证性实验、接近生产和生活实际的应用性实验、涉及新兴的综合的水处理技术的开放性实验以及基础的实验设备和仪器原理及说明等部分。其中验证性基础实验包括了通常的颗粒自由沉淀、混凝、压力溶气气浮、过滤、曝气设备充氧能力、可生化性检验、中和吹脱、污泥比阻测定、膜生物反应器膜污染、离子交换等实验，而应用性实验则包含了高级氧化、生物吸附重金属、土地快速渗滤、厌氧污泥产甲烷活性等实验，开放性实验则结合水污染控制领域的部分最新研究结果开发了光催化处理废水实验、利用废水处理发电的微生物燃料电池技术实验、污染物的生物学毒性实验等，最后将相关的常用的仪器设备原理及说明专门安排一章，一方面为学生学习设备的原理及操作提供参考，另一方面也为同学们课前准备、预习实验提供参考。这些内容均是熟练掌握水污染控制工程相关实验技术和深入研究相关水污染控制原理与技术的重要基础。

2.学习目的和方法

水污染控制工程实验教学的目的是使学生将学习的水污染控制工程以及水处理等理论联系实际，培养学生观察问题、分析问题和解决问题的能力。具体来说，对本实验课的学习，通过从专业技术基础着手，逐步使学生对水污染控制工程相关理论及技术的认识从感性上升到理性；通过观察和分析实验现象，加深对水处理基本概念、规律和理论的理解与掌握；通过基础性、应用性和开放性的实验操作训练，使学生掌握基本的现代测量、分析技术以及相关的基本水处理实验技能；培养学生分析实验数据、整理实验结果以及编写实验报告的能力；培养实事求是的科学态度和协作配合的团队精神。

为了更好地达成上述学习目的，在本课程的学习上应该根据自身的经验摸索出一套适合自身特点的学习方法。下面建议的学习方法仅供读者学习时参考。

首先，要认真准备实验所需的理论知识，了解相应的实验原理和技术以及仪器设备的原理及基本操作。这样在实验操作时能够做到有的放矢，对实验现象有一定的预见性，不仅能对正常的实验现象及时记录和思考，更容易发现一些非正常的实验现象，进而能够结合理论对实验现象进行深入的分析和讨论。

其次，要认真拟定实验计划，结合实验原理、目的和要求，确定实验要测的主要参数，分析此参数的变化范围与动态特性；确定实验过程中的主要影响参数并进行严格控制；根据实验精确度要求，确定对原始数据的测量准确度要求及测量次数；最后确定数据点，进行实验设计并编制实验方案。

第三，认真准备实验的仪器和材料，安排和布置实验场地，搭建实验装置，对实验系统调校以提高系统可靠性，并编制数据记录表。

第四，实验操作要态度认真、细心观察，要按照实验操作指南开展实验，实验小组要团结协作，明确分工，认真观察和记录实验现象，这将为实验结果的讨论奠定基础。也有机会发现一些异常的实验现象，可以引导学生进行更加深入的思考，从而加深理论和实践知识的掌握。

最后，实验报告要实事求是，利用所学理论知识，认真整理、分析实验数据和结果，编制相应的图线和表格，得出相应的实验结论，分析总结实验过程的经验和教训。

3. 学习要求

首先，课前预习。实验课前，学生必须认真预习实验教材内容，明确实验的目的、原理、内容和方法，了解实验仪器设备的构造原理与基本操作。

其次，设计和制定试验方案。实验方案的设计和制定是保证实验能够安全有序顺利实施的基本保证，在正式实验操作之前一定要有完善的实验方案并依据实验方案认真开展实验。实验方案的设计和制定要结合实验室的实际情况，尽量采用能够方便提供的材料和设备，并在实验前将实验所需的材料和设备准备好、调校好。

第三，实验操作要严格按照实验方案和操作规程进行，分工协作，做到有条不紊，保证安全，仔细观察和记录实验现象，认真填写实验记录。实验结束后，要将使用过的仪器、设备、材料整理复位，将实验台架及场地打扫干净，养成良好的实验习惯。

最后，依据实验规范认真分析和整理实验数据，编写正式的实验报告。实验报告内容一般应包括报告人的姓名、班级、小组成员及日期，实验名称，简述实验的目的、原理和使用的实验仪器、材料以及实验方法，实验数据的整理和分析，对实验结果进行讨论分析，完成实验分析与讨论并得出实验结论。

第2章 实验设计

第1节 实验设计简介

实验，是根据科学研究的目的，利用专门的仪器与设备，人为地控制或模拟研究对象，使某一些事物（或过程）发生或再现，从而去认识自然现象、性质或规律的系统方法。在实验过程中，研究者可以通过有目的地改变某一过程或系统的输入变量，对输出响应的变化进行观测或识别，评估输入对输出的影响情况，从而得到期望结果需要的因素与水平。

实验设计（design of experiments, DOE）是对实验进行科学合理的安排，以达到最好的实验效果。实验设计是实验过程的依据，是实验数据处理的前提，也是提高科研成果质量的一个重要保证。良好的实验设计，可以有效地缩短实验周期，合理地减少人力物力，最大程度地获得丰富的资料和可靠的结论。实验设计在实验研究中的作用主要表现在以下几方面：①确定实验因素对实验指标影响的大小顺序，找出主要因素；②提高实验研究的效度，即实验结果反映实验因素与实验指标间真实关系的程度；③准确掌握最优方案并能预估或控制一定条件下的实验指标值及其波动范围；④正确估计和有效控制、降低实验误差，从而提高实验精度；⑤通过对实验结果的分析，明确进一步研究的方向。

根据不同的实验目的，可以把实验设计划分为五种类型：演示实验、验证实验、比较实验、优化实验和探索实验。其中，优化实验是科研工作中经常采用的形式，能高效率地找出实验问题的最优实验条件，达到提高质量、增加产量、降低成本以及保护环境的目的。按实验因素的数目不同可以划分为单因素优化实验和多因素优化实验；按实验的目的不同可以划分为指标水平优化和稳健性优化；按实验的形式不同可以划分为实物实验和计算实验；按实验的过程不同可以划分为序贯实验设计和整体实验设计。

1.1 实验设计的基本概念

1. 实验指标

衡量实验结果好坏程度的指标称为实验指标，也称为响应变量（response variable)。在实验中一般要先确定一项或几项研究指标，然后考查实验中这些指标值随实验参数的变化情况。例如，在印染废水处理实验中，主要考查出水色度、化学需氧量(COD)、五日生化需氧量(BOD_5)等水质指标；在酸性矿山废水处理实验中，主要考查出水总酸度、重金属及硫酸根离子浓度等指标。当要考查的指标较多的时候，可采用各个指标加权代数和的方法构建一个综合指标进行比较，从而实现整体优化。各指标的权重必须遵循一定原则加以确定。当要考查的指标是定性指标时，可采用评分的方式定量化后再进行计算和数据处理。实验效应要通过实验中的观察指标才能显现，因此在确定实验指标时应考虑选择指标是否与研究目的有本质联系，是否易于量化，还要考虑指标的灵敏性、准确性，指标数目也要适当。

2. 因素

实验中可对实验指标产生影响的原因或要素称为因素(factor)。实验设计的一项重要工作就是确定可能影响实验指标的因素，并根据专业知识初步确定因素水平的范围。一般来说，一个实验中影响目标函数的参数会有很多，其中有些参数或由于前人对其做了大量的实验研究而有了足够的了解，或限于实验条件而在实验中不准备研究，通常对这些参数在一批实验中只各取一个固定值。而对另外一些参数则要取几个不同的值分别进行实验以比较其变化对目标函数的影响情况。例如细菌培养条件优化实验中，细菌的生长量与温度、培养基初始 pH 值、摇床转速、碳源、氮源等有关，其中生长量是实验指标，温度、pH 值等均为实验因素。因素一般用大写字母 A,B,C,…来表示。在选择实验因素时应注意，因素的数目要适中，太多会增加大量实验次数，造成主次不分；太少会遗漏重要因素，达不到预期目的。

3. 水平

因素在实验中所处的各种状态或条件称为水平(level)。例如上述细菌培养实验中，温度可取 20℃、30℃、40℃、50℃四个水平，pH 值可取 6、7、8 三个水平等。水平一般用数字 1,2,3,…来表示。在选择实验因素的水平时应注意，水平的数目要适当，过多不仅加大了处理数，还难以反映各水平间的差异，过少又可能使结果分析不全面。水平的范围及间隔大小要合理，太小的实验范围不易获得比已有条件有显著改善的结果，还可能会把对实验指标有显著影响的因素误认为没有显著影响，因此要尽可能把水平值取在最佳区域或接近最佳区域内部。水平间隔的排列方法一般有等差法、等比法、选优法和随机法等。

(1)等差法

等差法是指实验因素水平间隔是等间距的。如温度可采用 30℃、40℃和 50℃三个水平，各温度水平间距为 10℃。该法一般适用于实验效应与因素水平呈直线相关的实验。

(2)等比法

等比法是指实验因素水平间隔是等比的。如微生物培养基中$MgCl_2$浓度的各水平分别为0.1 g/L、0.2 g/L、0.4 g/L、0.8 g/L,相邻两水平之比为1∶2。该法一般适用于实验效应与因素水平呈对数或指数关系的实验。

(3)选优法

选优法是先选出因素水平的两个端点值a、b,再以水平范围$[a,b]$的0.382和0.618的位置为因素水平。如$MgCl_2$浓度实验用选优法确定的因素水平分别为0 g/L、0.382 g/L、0.618 g/L和1 g/L。该法一般适用于实验效应与因素水平呈二次曲线型关系的实验。

(4)随机法

随机法是指因素水平排列是随机的,各水平的数量大小无一定关系。该法一般适用于实验效应与因素水平变化关系不甚明确的情况,在预备实验中常采用。

1.2 实验设计的原则

1.随机化原则

随机化是指以概率均等的原则,随机地选择接受实验处理的对象或产品。将实验顺序随机化,可使系统误差随机化,从而避免某些规律性的系统误差与实验规律相叠加而造成的对客观规律的歪曲。随机化的另一作用是有利于应用各种统计分析方法,因为许多统计方法都建立在独立样本基础上的。

2.重复性原则

从统计学的观点看,实验的重复次数越多,实验结果的平均值越接近于真值,可信度也越高。实验设计中的重复性有两种含义,一是指独立重复实验,即在相同的处理条件下对不同样品做多次重复实验;二是指重复测量,即在相同的处理条件下对同一个样品做多次重复实验。前者可以降低由样品间差异而产生的实验误差,后者是为了排除操作方法产生的误差。

3.对照原则

对照是实验控制的手段之一,目的在于消除无关变量对实验结果的影响。因此除待考查因素变量外,实验组与对照组中的其它条件应尽量相同。实验组和对照组一般是随机决定的,故实验组与对照组两者之差异,则可认定为是来自实验变量的影响,这样的实验结果是可信的。通常有以下几种对照类型。

(1)空白对照

空白对照是指不加处理因素的对象组。此类对照在实验方法研究中经常被采用，用以评定测量方法的准确度以及观察实验是否处于正常状态等。例如在混凝实验中，用不加混凝剂的原水作为空白对照，与加入混凝剂的水样一起进行混凝实验，实验结束后比较两者浊度的变化，进而说明混凝剂的处理效果。

(2)自身对照

自身对照是指实验与对照在同一对象上进行，不另设对照组。此类对照的方法简便，以实验处理前的对象状况为对照组，实验处理后的对象变化则为实验组。

(3)条件对照

条件对照是指虽给对象施以某种实验处理，但这种处理是对照意义的，或不是所要研究的处理因素。此类对照是实验组的反证，例如为了验证某种激素对动物生长发育的效果，在实验组中加入该激素，而在条件对照组中加入该激素的抑制剂，再设置空白对照，通过比较，能更充分地说明其对动物生长的促进作用。

(4)相互对照

相互对照是指不另设对照组，而是几个实验组之间相互对比，通过对结果的比较分析，来探究某种因素与实验对象的关系。例如考查不同碳源对微生物生长的系列实验中，将各组实验结果进行相互对照，从而分析其对微生物的影响。

(5)标准对照

生物的某些生理、生化项目设置有相应的标准，标准对照是将观察测定的实验数值与现有的标准值相比较，以确定其正常与否的方法。

4. 区组控制原则

区组控制又称局部控制或分层控制，是用来提高实验精确度的一种方法，用以减少或消除一些可能影响实验响应，但并不是实验者感兴趣的因子带来的变异。区组控制按照一定标准将实验对象分组，将不同的实验条件均匀化，从而使差异较小的区组内的系统误差减小。例如在考查氮肥对作物产量影响的实验中，将不同类型的地块分成几个区组，在区组内进行实验可有效降低由于地块不同对结果产生的影响，与不分组的随机实验相比可以大大提高结果的精确性。

第2节　单因素实验设计

实验中只有一个影响因素，或虽有多个影响因素，但在安排实验时只考虑一个对指标影响最大的因素，其它因素尽量保持不变的实验，即为单因素实验。在生产和科学实验中，人们为了达到优质、高产、低耗的目的，需要对有关因素的最佳点进行选择，有关这些最佳点选择的问题被称为优选问题。而利用数学原理，合理地安排实验点，减少实验次数，从而迅速找到最佳点的一类科学方法被称为优选法。单因素优选法的实验设计包括均分法、对分法、黄金分割法、分数法等。

2.1 均分法

均分法是在实验范围内，根据精度要求和实际情况，均匀地安排实验点，在每个实验点上进行实验并相互比较以求得最优点的方法。在对目标函数的性质没有全面掌握的情况下，均分法是最常用的方法，可以作为了解目标函数的前期工作，同时可以确定有效的实验范围。均分法的优点是得到的实验结果可靠、合理，适用于各种实验目的，缺点是实验次数较多，工作量较大，不经济。

2.2 对分法

对分法也被称为等分法、平分法，也是一种简单方便、广泛应用的方法。对分法总是在实验范围[a,b]的中点 $x_1=(a+b)/2$ 上安排实验，根据实验结果判断下一步的实验范围，并在新范围的中点进行实验。如结果显示 x_1 取大了，则去掉大于 x_1 的一半，第二次实验范围为[a,x_1]，实验点在其中点 $x_2=(a+x_1)/2$ 上。重复以上过程，每次实验就可以把查找的目标范围减小一半，这样通过 7 次实验就可以将目标范围缩小到实验范围的 1%之内，10 次实验就可以将目标范围缩小到实验范围的 1‰之内。对分法的优点是每次实验能去掉实验范围的 50%，取点方便，实验次数大大减少。缺点是适用范围较窄，要根据上一次实验结果得到下一次实验范围。

2.3 黄金分割法

黄金分割法也称为 0.618 法，适用于实验指标或目标函数是单峰函数的情况，即在实验范围内只有一个最优点，且距最优点越远的实验结果越差。具体步骤是每次在实验范围内选取两个对称点做实验，这两个点(记为 x_1,x_2)分别位于实验范围[a,b]的 0.382 和 0.618 的位置。其中：

$$x_1=a+0.382(b-a)$$

$$x_2=a+0.618(b-a)$$

对应的实验结果记为 y_1,y_2。如果 y_1 优于 y_2，则 x_1 是好点，把实验范围[x_2,b]划去，新的实验范围是[a,x_2]，再重新进行黄金分割，选取两个对称点(记为 x_3,x_4)，其中：

$$x_3=a+0.382(x_2-a)=a+0.618\times0.382(b-a)=a+0.236(b-a)=a+x_2-x_1$$

$$x_4=a+0.618(x_2-a)=a+0.618\times0.618(b-a)=a+0.382(b-a)=x_1$$

重复以上步骤，直到找到满意的、符合要求的实验结果和最佳点。同理，如果 y_2 优于 y_1，则 x_2 是好点，新的实验范围是[x_1,b]；如果 y_1 与 y_2 效果一样，则去掉两端，新的实验范围是$[x_1, x_2]$，之后继续进行实验。

用黄金分割法做实验时，第一步需要做两个实验，以后每步只需要再做一个实验，每步实验划去实验范围的 0.382 倍，保留 0.618 倍。

2.4 分数法

分数法又称为斐波纳契数列法，是利用斐波纳契数列进行单因素优化实验设计的一种方法。斐波纳契数列可由下列递推式确定

$$F_0 = F_1 = 1, F_n = F_{n-1} + F_{n-2}(n \geqslant 2)$$

即如下数列：

1,1,2,3,5,8,13,21,34,55,89,144,233,…

当实验点只能取整数，或者限制实验次数的情况下，较难采用 0.618 法进行优选，这时可采用分数法。任何小数都可以用分数表示，因此 0.618 也可近似地用F_n/F_{n+1}来表示。例如只能做 4 次实验，就以 5/8 代替 0.618，第一次实验点 x_1 在 5/8 处，第二个实验点 x_2 选在其对称点 3/8 处。然后通过比较实验结果，选取新的实验范围进行实验，经过重复调试便可找到满意的结果。

分数法确定各实验点的位置，可用下列公式求得

$$第一个实验点 = (大数 - 小数) \times \frac{F_n}{F_{n+1}} + 小数$$

$$新实验点 = (大数 - 中数) + 小数$$

式中，中数为已实验点数值。

又由于新实验点$(x_2, x_3, \cdots)$安排在余下范围内与已实验点相对称的点上，因此，不仅新实验点到余下范围的中点的距离等于已实验点到中点的距离，而且新实验点到左端点的距离也等于已实验点到右端点的距离（见图 2-1）即：

新实验点－左端点＝右端点－已试点

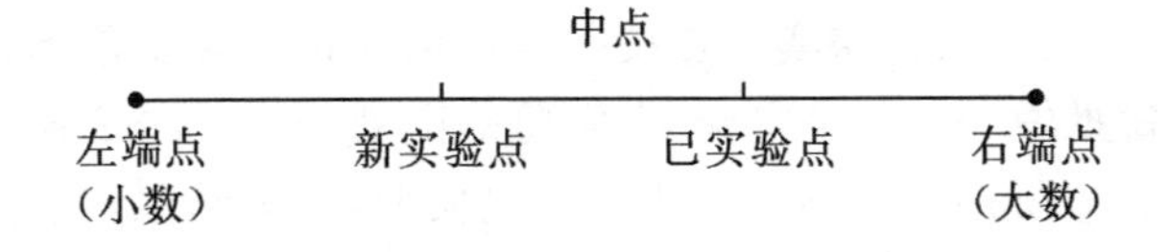

图 2-1　分数法确定实验点位置示意图

在使用分数法进行单因素优选时，应根据实验范围选择合适的分数，所选择的分数不同，实验次数和精度也不一样，如表 2-1 所示。

表 2-1 分数法实验点位置与精度

实验次数	2	3	4	5	6	7	…	n
等分实验范围的份数	3	5	8	13	21	34	…	F_{n+1}
第一次实验点的位置	$\frac{2}{3}$	$\frac{3}{5}$	$\frac{5}{8}$	$\frac{8}{13}$	$\frac{13}{21}$	$\frac{21}{34}$	…	$\frac{F_n}{F_{n+1}}$
精度	$\frac{1}{3}$	$\frac{1}{5}$	$\frac{1}{8}$	$\frac{1}{13}$	$\frac{1}{21}$	$\frac{1}{34}$	…	$\frac{1}{F_{n+1}}$

2.5 分批实验法

在生产和科学实验中，为了缩短整体实验周期，常常采用一批同时做几个实验的方法，即分批实验法。分批实验法可分为均分分批实验法和比例分割分批实验法。

1. 均分分批实验法

均分分批实验法指每批实验均匀地安排在实验范围内，其示意图如图 2-2 所示。每批做 $2n$ 个实验，将实验范围均匀地分为 $2n+1$ 等份，在其 $2n$ 个分点处做第一批实验。然后同时比较 $2n$ 个实验结果，留下较好的点 x_i，及其左右相邻的两段，即$[x_{i-1}, x_{i+1}]$作为新实验范围。第二批实验把这两段都各等分为 $n+1$ 段，在得到的共 $2n$ 个分点处做实验，直至得到满意的结果。该方法适用于测定某种有毒物质进入生化处理构筑物的最大允许浓度。

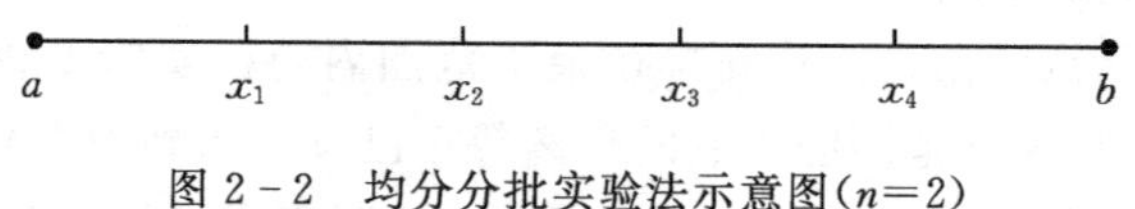

图 2-2 均分分批实验法示意图($n=2$)

2. 比例分割分批实验法

比例分割分批实验法指将实验点按一定比例安排在实验范围内，其示意图如图 2-3 所示。每批做 $2n+1$ 个实验，把实验范围划分为 $2n+2$ 段，相邻两段长度为 a 和 $b(a>b)$。在 $2n+1$ 个分点上做第一批实验，比较结果，在好实验点左右分别留下一个 a 区和 b 区。然后把 a 区分成 $2n+2$ 段，相邻两段为 $a_1, b_1(a_1>b_1)$，且 $a_1=b$。设短、长段的比例为 λ，则

$$\frac{b}{a}=\frac{b_1}{a_1}=\lambda$$

可推知

$$\lambda=\frac{1}{2}\left(\sqrt{\frac{n+5}{n+1}}-1\right)$$

由上式可知，每批实验次数不同时，短、长段的比例 λ 是不同的。当 $n=2$ 时，每批做 5 个实验，$\lambda=0.264$。当 $n=0$ 时，每批做 1 个实验，$\lambda=0.618$。因此可认为比例分割法是黄金分割法的推广。

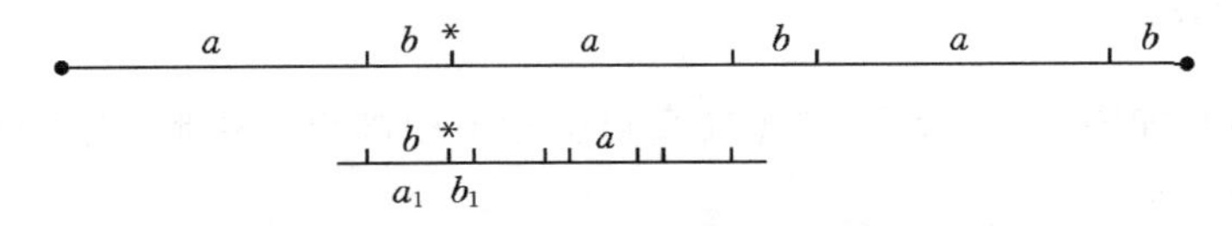

图 2-3　比例分割分批实验法示意图

第 3 节　双因素实验设计

对于双因素问题，往往采取把两个因素变成一个因素的办法（即降维法）来解决，也就是先固定第一个因素，做第二个因素的实验，然后固定第二个因素再做第一个因素的实验。双因素优选问题，就是迅速地找到二元函数 $z=f(x,y)$ 的最大值，及其对应的 (x,y) 点的问题，这里的 x,y 代表的是双因素。双因素优选法的实验设计包括对开法、旋升法、平行线法等。

3.1　对开法

优选过程如图 2-4 所示，首先在直角坐标系中画出一矩形（见图 2-4(a)），代表优选范围：$a<x<b,c<y<d$。

接着在中线 $x=(a+b)/2$ 上用单因素法找最大值，设最大值在 P 点。在中线 $y=(c+d)/2$ 上用单因素法找最大值，设最大值在 Q 点。比较两者的结果，如果 Q 点较优，则去掉 $x<(a+b)/2$ 部分。再用同样的方法处理余下半个矩形，不断地去掉其一半，逐步地得到所需要的结果。

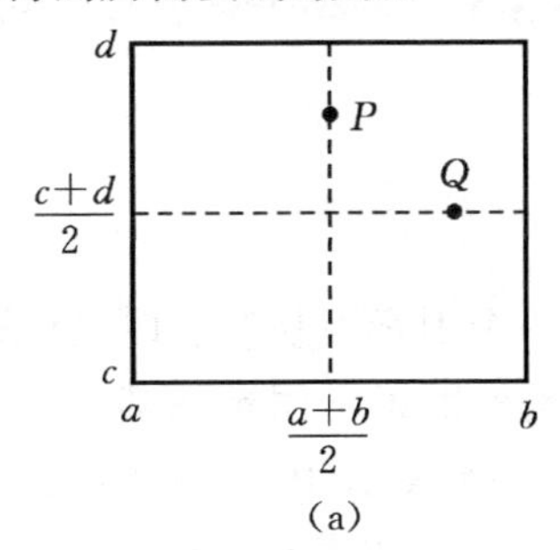

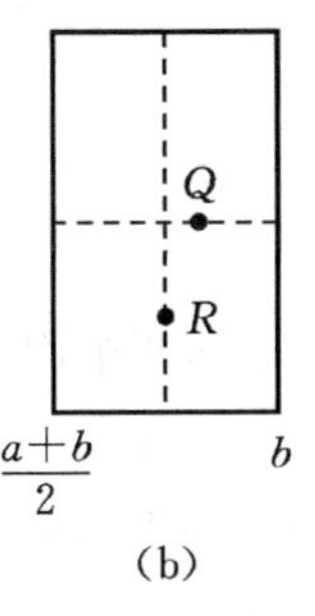

图 2-4　对开法优选过程

如果 P、Q 两点的实验结果相等或无法辨认好坏，说明两点位于同一条等高线上，所以可将图 2-4(a)的下半块和左半块都去掉，仅留下第一象限。

3.2 旋升法

优选过程如图 2-5 所示，首先在直角坐标系中画出一矩形，代表优选范围：$a<x<b$，$c<y<d$。

接着先在一条中线，如 $x=(a+b)/2$ 上，用单因素优选法求得最大值，设最大值在 P_1 点。然后过 P_1 点作水平线，在这条水平线上用单因素优选法求得最大值，设最大值在 P_2 点。这时，去掉通过 P_1 点直线分开的不含 P_2 点的部分，再在通过 P_2 点的垂线上找最大值，设最大值在 P_3 点。此时应去掉 P_2 点的上部分，重复以上步骤，直到找到最佳点。

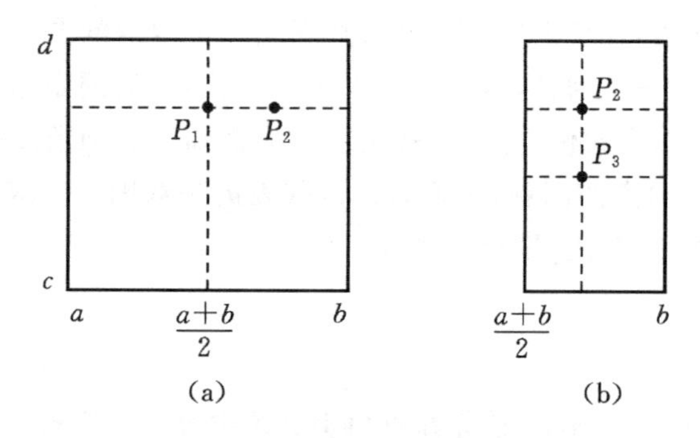

图 2-5 旋升法优选过程

在这个方法中，由于每次单因素优选时都是将另一因素固定在前一次优选所得最优点的水平上，故也称为“从好点出发法”。对于第一次实验中因素 x 的取点方法，还可以选取实验范围$[a,b]$的 0.618 的位置。另外，该法中将哪些因素放在前面对选优速度影响很大，一般按各因素对实验结果影响的大小顺序，往往能较快得到满意的结果。

3.3 平行线法

如果双因素问题的两个因素中有一个因素不易改变时，宜采用平行线法。优选过程如图 2-6 所示，首先将不易调整的因素 y 固定在其实验范围的 0.618 处，即取 $y=c+0.618(d-c)$。用单因素法找到最大值，设最大值在 P 点。再把因素 y 固定在 0.382 处，即取 $y=c+0.382(d-c)$。用单因素法找到最大值，设最大值在 Q 点。比较 P、Q 两点的结果，若 P 点好，则去掉 Q 点下面的部分，即 $y\leqslant c+0.382(d-c)$

的部分。然后在剩下的范围内再用同样的方法处理，直到找到最佳点。在这个方法中，因素 y 的取点方法不一定要按 0.618 法，也可以固定在其它合适的位置。

在运用双因素法处理多因素问题时，需要对影响实验结果的主次因素进行判断，暂时撇开影响较小的因素，着重于必不可少的、起决定作用的因素进行研究。对于主次因素的判断问题，可以通过实验来解决：首先在因素的实验范围内做两次实验，位置分别在 0.618 和 0.382 处，如果两点的效果差别显著，则可认为是主要因素。反之则在(0.382～0.618)、(0～0.382)和(0.618～1)三段的中点再分别做实验，如果结果仍然差别不大，则可认为是非主要因素，在实验过程中可将该因素固定在 0.382～0.618 间的任一点。总之，当对某因素做了五点以上实验后，如果各点效果差别不明显，则该因素为次要因素，应按同样方法从其它因素中寻找主要因素再做优选实验。

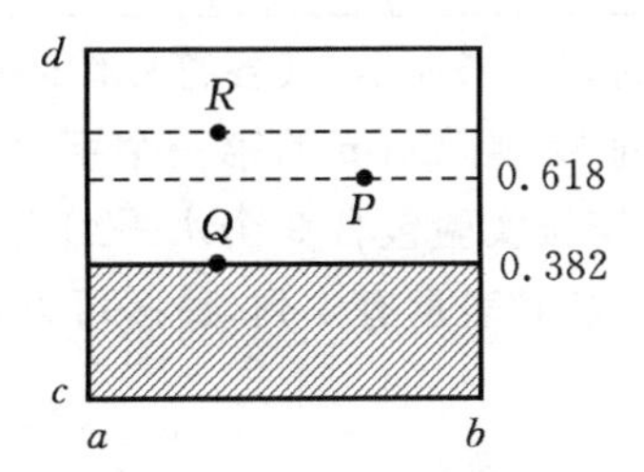

图 2-6　平行线法优选过程

第 4 节　正交实验设计

在科学实验中，考查的因素往往很多，而每个因素的水平数也很多。如果要进行全面实验，即对每一个因素的每一种水平组合都要进行实验，将导致实验次数太多，费时又费力。正交实验设计是一种多因素的优化实验设计方法，思路是从全面实验的样本点中挑选出部分有代表性的样本点做实验。这些代表点具有正交性，其作用是只用较少的实验次数就可以找出因素水平间的最优或较优实验方案，了解找到因素影响指标的规律，在诸多影响指标的因素中找到主要影响因素，减少实验的盲目性。例如，一个三因素三水平的优选实验，如果按照全面实验的方法，则需要做 $3^3=27$ 次实验，而用正交实验的方法，只需要 9 次实验就能得到满意的结果。

4.1　正交表

正交表是正交实验设计中用于合理安排实验，以及对数据进行统计分析的一种特殊表格。表 2-2 为 $L_9(3^4)$ 正交表。

表 2-2　$L_9(3^4)$正交表

实验号	列号			
	1	2	3	4
1	1	1	1	1
2	1	2	2	2
3	1	3	3	3
4	2	1	2	3
5	2	2	3	1
6	2	3	1	2
7	3	1	3	2
8	3	2	1	3
9	3	3	2	1

正交表都以统一形式的记号来表示，其各符号代表的意义如图 2-7 所示。如 $L_9(3^4)$中，“L”为正交表的符号，是 Latin 的第一个字母；L 右下角的数字“9”表示正交表有 9 行，用此正交表安排实验包含 9 个水平组合；括号内的底数“3”表示因素的水平数；括号内 3 的指数“4”表示有 4 列，最多可以安排 4 个三水平的因素(包括交互作用、误差等)。

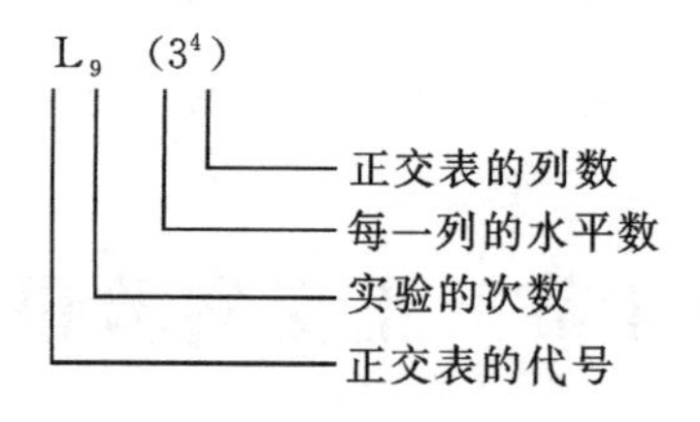

图 2-7　正交表符号的意义

4.2　正交实验设计基本程序

正交实验设计包括实验方案设计和结果分析两部分，如图 2-8 所示。

1. 正交实验方案设计

(1)明确实验目的，确定评价指标

任何一个实验都是为了解决某一个问题或是为了得到某些结论而进行的，所以任何一个正交实验都应该有一个明确的目的，这是正交实验设计的基础。实验指标则是表示实验结果特性的值，可以用来衡量或考核实验效果。

例如为了提高某菌株对一种难降解有机物的去除率，以去除率为实验指标，来衡量菌株生长条件的好坏。去除率越高，则表明实验效果越好。

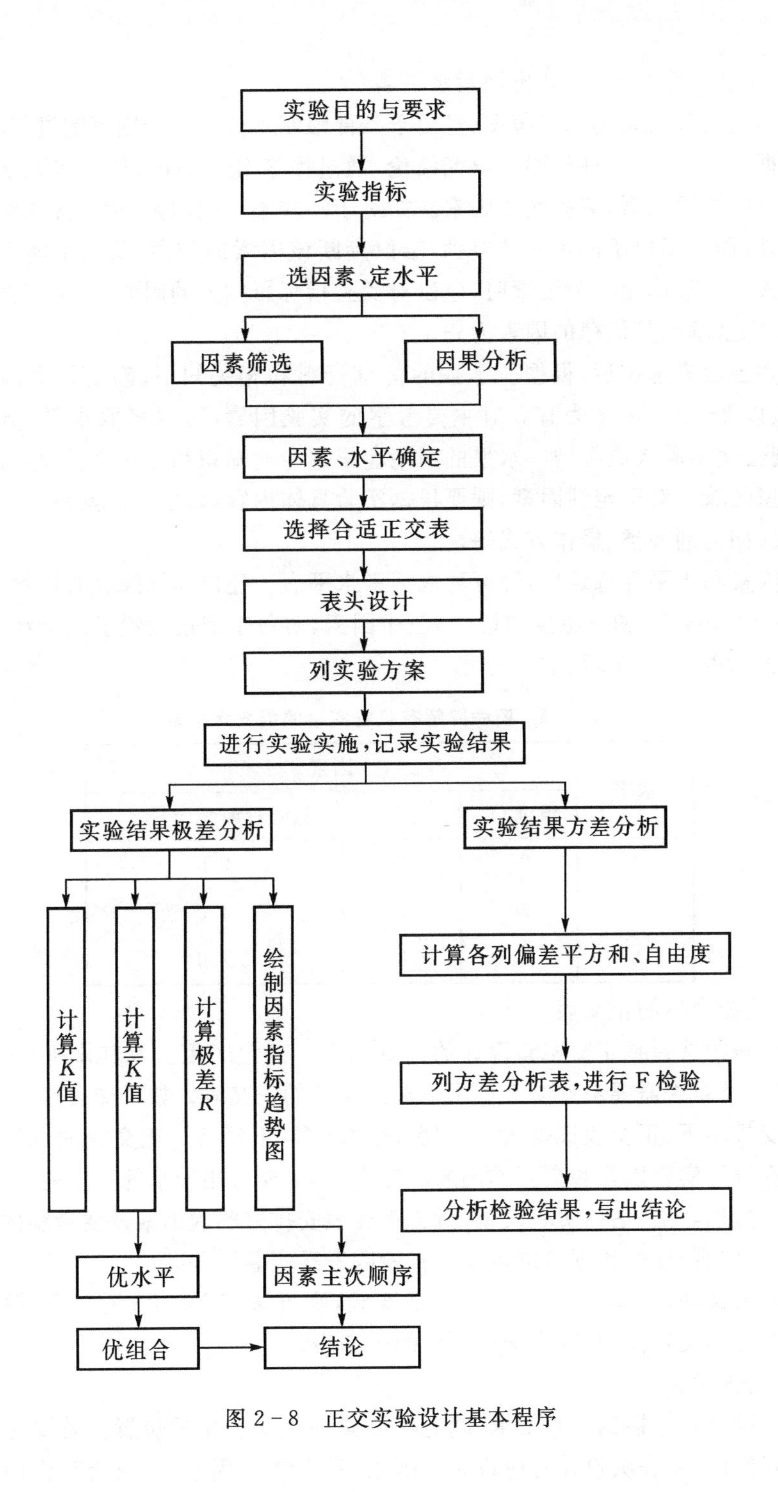

图 2－8　正交实验设计基本程序

(2)挑选因素与水平,列出因素水平表

当影响实验成果的因素很多,且由于条件限制不能对每个因素都进行考察时,需要根据专业知识、以往经验和研究结论,通过因素分析筛选,从诸多因素中选出需要考察的主要因素,略去次要因素。如对于一些不可控因素,由于无法测出因素的数值,因而看不出不同水平的差别,难以判断该因素的作用,所以不能列为被考察的因素。一般确定实验因素时,应以对实验指标影响大的因素、尚未考察过的因素、尚未完全掌握其规律的因素为先。

当实验因素选定后,根据所掌握的信息资料和相关知识,确定每个因素的水平,一般以2~4个水平为宜。对主要考察的实验因素,可以多取水平,但不宜过多,否则会使实验次数骤增。水平的间距应根据专业知识和已有资料,尽可能将值取在理想区域。对于定性因素,则要根据实验具体内容,赋予该因素每个水平以具体含义。如药剂种类、操作方式等。

当因素和水平都选定后,便可列成因素水平表。还以菌株降解有机物为例,选取温度(A)、pH(B)和氮源投加量(C)三个因素,对每个因素设置了三个水平,其因素水平表如表2-3所示。

表2-3 菌株降解有机物实验的因素水平表

水平	因素		
	温度/℃	pH	氮源投加量/$g \cdot L^{-1}$
1	25	6	0.5
2	30	7	1.0
3	35	8	2.0

(3)选择合适的正交表

正交表的选择是正交实验设计的首要问题。确定了因素及其水平后,根据因素、水平以及是否需要考察交互作用来选择合适的正交表。如正交表选得太小,因素可能安排不下;正交表选得太大,实验次数增多,不经济。正交表的选择原则是在能够安排下实验因素和交互作用的前提下,尽可能选用较小的正交表,以减少实验次数。另外,为了估计实验误差,所选正交表安排完实验因素及要考察的交互作用后,最好留有空列,否则需进行重复实验以考察实验误差。

例如菌株降解实验为三因素三水平实验,则可选用$L_9(3^4)$正交表,做9次实验。若要考察交互作用,则应选用更大的正交表。

(4)表头设计

表头设计就是根据实验要求,确定各因素在正交表中的位置。若要考虑因素间的交互作用,在表头设计时应将主要因素、重点考察因素、涉及交互作用较多的因素优先安排，按相对应的正交表的交互作用列表来设计，以防止混杂。对于不考虑交互作用的实验，因素可以任意安排到各列中，如表 2－4 所示。

表 2－4　菌株降解有机物实验的表头

列号	1	2	3	4
因素	A	B	C	空列

(5)编制实验方案

根据表头设计，将所选正交表中各列的不同水平数字换成对应各因素相应水平值，即得实验方案表(见表 2－5)。表的每一横行即代表所要进行的实验的一种条件。

表 2－5　菌株降解有机物的实验方案

序号	温度/℃	pH	氮源投加量 /$g \cdot L^{-1}$	空列	实验结果 去除率/%
1	25	6	0.5	1	52
2	25	7	1	2	69
3	25	8	2	3	59
4	30	6	1	3	77
5	30	7	2	1	75
6	30	8	0.5	2	84
7	35	6	2	2	51
8	35	7	0.5	3	61
9	35	8	1	1	58

2. 正交实验结果的极差分析

在按照正交实验设计方案进行实验后，将获得大量实验数据，如何利用这些数据进行科学的分析，从中得到正确结论，这是正交实验设计的一个重要方面。正交实验设计法的数据分析要解决以下问题：(1)挑选的因素中，哪些因素影响大些，哪些影响小些，各因素对实验目的的影响的主次关系如何；(2)各影响因素中，哪个水平能得到满意的结果，从而找到最佳的管理运行条件。正交实验的结果分析方法主要包括极差分析和方差分析，这里主要介绍极差分析。

极差分析又称为直观分析，是一种常用的分析实验结果的方法，其具体步骤如下。

(1)填写评价指标

将每组实验的数据分析处理后，求出相应的评价指标值，填入正交表的右栏实验结果内(见表 2－5)。

(2)计算各列的水平效应值 K_i、$\overline{K_i}$和极差 R 值

K_i＝任一列上水平号为 i 时对应的指标值之和

$$\overline{K_i}=\frac{K_i}{\text{任一列上各水平出现的次数}}$$

R＝任一列上$\overline{K_i}$的极大值与极小值之差

R 称为极差，是衡量数据波动大小的重要指标，极差越大的因素越重要。

(3)比较各因素的 R 值

根据 R 值大小，即可排出因素对实验指标影响的主次顺序。有时空白列的极差比所有因素的极差还要大，则说明因素之间可能存在有不可忽略的交互作用，或者忽略了对实验结果有重要影响的其他因素。

从表 2-6 中可以得出，各因素对实验指标即去除率的影响顺序为 $A>B>C$。即温度对有机物去除率的影响最大，其次是 pH，而氮源投加量的影响较小。

表 2-6 菌株降解有机物实验的极差分析

序号	温度/℃	pH	氮源投加量/$g\cdot L^{-1}$	空列	去除率/%
1	25	6	0.5	1	52
2	25	7	1	2	69
3	25	8	2	3	59
4	30	6	1	3	77
5	30	7	2	1	75
6	30	8	0.5	2	84
7	35	6	2	2	51
8	35	7	0.5	3	61
9	35	8	1	1	59
K_1	180	180	197	186	
K_2	236	205	205	204	
K_3	171	202	185	197	
$\overline{K_1}$	60.00	60.00	65.67	62.00	
$\overline{K_2}$	78.67	68.33	68.33	68.00	
$\overline{K_3}$	57.00	67.33	61.67	65.67	
R	21.67	8.33	6.67	6.00	
因素主次	$A>B>C$				
优水平	A_2	B_2	C_2		
优组合	$A_2B_2C_2$				

(4)比较同一因素下各水平的效应值$\overline{K_i}$，确定优方案

优方案是指在所做的实验范围内各因素较优水平的组合。各优水平的确定与

实验指标有关，若指标是越大越好，则应选取使指标大的水平，即各列中$\overline{K_i}$最大的那个值对应的水平；反之，若指标是越小越好，则应选取使指标小的水平。

从表2-6中可以得出，对因素A，$\overline{K_2}>\overline{K_1}>\overline{K_3}$，所以可判定$A_2$为$A$因素的优水平。同理可确定$B$、$C$因素的优水平，最终得到的优组合为$A_2B_2C_2$，即菌株降解有机物的最佳生长条件为温度30℃、pH=7、氮源投加量1g/L。

(5)作因素与指标的关系图

上述优方案是通过直观分析得到的，但它实际上是不是真正的优方案还需要作进一步的验证。因此可以因素水平为横坐标，指标的$\overline{K_i}$为纵坐标作图(见图2-9)。由因素与指标关系图可以更直观地看出实验指标随着因素水平的变化而变化的趋势，可为进一步实验指明方向。

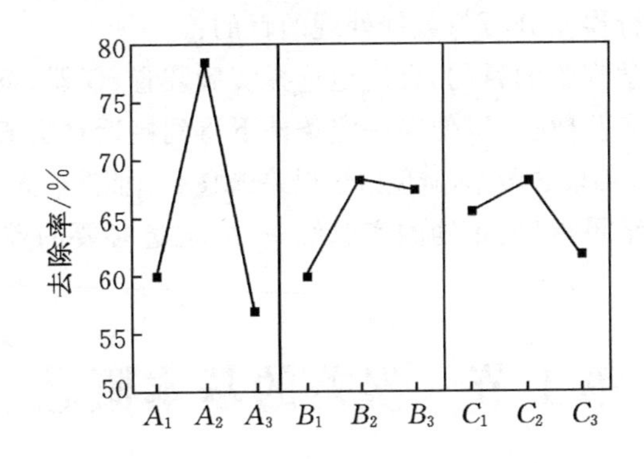

图2-9　趋势图(因素与指标的关系)

第3章 误差与实验数据处理

实验中，我们经常需要进行一系列的测定，从而获得大量数据。实践表明，每项实验都有误差，同一项目的多次重复实验，测量结果也总有差异，所以我们对所得的测试结果，一方面要进行误差分析，估计测试结果的可靠程度，并对其给予合理解释。另一方面还需要进行数据处理，对所得数据进行整理归纳，用一定的方式表示出各数据之间的相互关系。

对实验结果进行误差分析与数据处理的目的：

①可以根据科学实验的目的，合理地选择实验装置、仪器、条件和方法；

②能正确处理实验数据，以便在一定条件下得到接近真实值的最佳结果；

③合理选定实验结果的误差，避免由于误差选取不当而造成人力、物力的浪费；

④总结测定的结果，得出正确的实验结论，并通过必要的整理归纳，为验证理论分析提供条件。

第1节 误差的基本概念

1.1 误差的定义及表示法

误差的定义：测得值与被测量的真值之间的差。

表达式为：误差＝测得值－真值

真值(True Value)：观测一个量时，该量本身所具有的真实大小。

实验过程中，由于仪器、测试方法、环境、实验方法等因素，使得我们无法测得真值(真实值)，若我们对同一考察项目进行无限多次的测试，然后根据误差分布定律，正负误差出现的概率相等的概念，可以求得各测试值的平均值，在无系统误差(参阅误差分类)的情况下，此值为接近真值的数值。一般测试的次数总是有限的，用有限测试次数求得的平均值是真值的近似值。

1.2 误差的分类

1.按表示形式分类

误差按表示形式可分为绝对误差和相对误差。

(1)绝对误差

定义:个别测量值与真实值之间的差值。

表达式为:绝对误差=测量值-真值

特点:①绝对误差是一个具有确定的大小、符号及单位的量;②给出了被测量的量纲,其单位与测得值相同。

在实际使用时,为方便消除系统误差,常使用修正值。修正值的定义:为了消除固定的系统误差用代数法加到测量结果上的值。其表达式为:

$$修正值\approx真值-测得值$$

特点:①与误差大小近似相等,但方向相反;②修正值本身还有误差。

(2)相对误差

定义:绝对误差与被测量真值之比。

其表达式为:

$$相对误差=\frac{绝对误差}{真值}\approx\frac{绝对误差}{测量值}$$

特点:①相对误差有大小和符号;②无量纲,一般用百分数来表示。

(3)引用误差

定义:是一种表示仪器仪表示值的相对误差,它是以仪器仪表某一刻度点的示值误差为分子,以测得范围上限值或全量程值为分母的比值。

其表达式为:

$$引用误差=\frac{示值误差}{测量范围上限}$$

说明:引用误差是一种相对误差,而且该相对误差是引用了特定值,即标称范围上限(或量程)得到的,故该误差又称为引用相对误差、满度误差。

2.按性质分类

误差按照性质可以划分为:系统误差、随机误差和粗大误差。

(1)系统误差

定义:在重复性条件下,对同一被测量进行无限多次测量所得结果的平均值与被测量的真值之差。

特征:在相同条件下,多次测量同一量值时,该误差的绝对值和符号保持不变,或者在条件改变时,按某一确定规律变化的误差。

由于系统误差具有一定的规律性,因此可以根据其产生原因,采取一定的技术措施,设法消除或减小;也可以在相同条件下对已知约定真值的标准器具进行多次重复测量的办法,或者通过多次变化条件下的重复测量的办法,设法找出其系统误差的规律后,对测量结果进行修正。按照对系统误差的掌握程度,系统误差可进一步划分为以下几种。

已定系统误差:误差绝对值和符号已经明确的系统误差。

未定系统误差:误差绝对值和符号未能确定的系统误差,但通常估计出误差范围。

按误差出现规律,系统误差可分为以下两种。

不变系统误差:误差绝对值和符号固定不变的系统误差。

变化系统误差:误差绝对值和符号变化的系统误差。

按其变化规律,变化系统误差又可分为线性系统误差、周期性系统误差和复杂规律系统误差。

(2)随机误差

定义:测得值与在重复性条件下对同一被测量进行无限多次测量结果的平均值之差,又称为偶然误差。

特征:在相同测量条件下,多次测量同一量值时,绝对值和符号以不可预定方式变化的误差。

产生原因:实验条件的偶然性微小变化,如温度波动、噪声干扰、电磁场微变、电源电压的随机起伏、地面振动等。

性质:随机误差的大小、方向均随机不定,不可预见,不可修正。虽然一次测量的随机误差没有规律,不可预见,也不能用实验的方法加以消除。但是,经过大量的重复测量可以发现,它是遵循某种统计规律的。因此,可以用概率统计的方法处理含有随机误差的数据,对随机误差的总体大小及分布做出估计,并采取适当措施减小随机误差对测量结果的影响。

(3)粗大误差

定义:指明显超出统计规律预期值的误差。又称为疏忽误差、过失误差或简称粗差。

产生原因:某些偶尔突发性的异常因素或疏忽所致。

①测量方法不当或错误,测量操作疏忽和失误(如未按规程操作、读错读数或单位、记录或计算错误等)。

②测量条件的突然变化(如电源电压突然增高或降低、雷电干扰、机械冲击和振动等)。

处理方法:由于该误差很大,明显歪曲了测量结果,故应按照一定的准则进行判别,将含有粗大误差的测量数据(称为坏值或异常值)予以剔除。

1.3 准确度与精密度

准确度(Correctness):测量值与真实值直接的偏差程度,一般用相对误差表示。它反映测量结果中系统误差的影响。

精密度(Precision):在控制条件下用一个均匀式样反复测量,所得数值之间的重复程度。它反映测量结果中随机误差的影响程度。

提高准确度和精密度,必须减少和消除系统误差和随机误差,主要需要做到:

①减少系统误差;

②增加测定次数;

③选择合适的实验方法。

第2节　实验数据整理

2.1　有效数字及其运算

1. 有效数字

准确测定的数字加上最后一位估读数字所得的数字称有效数字。

在测量和数字计算中,应该用几位有效数字来代表被测量或计算的结果,是一件很重要的事情。认为在一个数位中小数点后面的位数越多,这个数值就越准确;或者在计算结果中,保留的位数越多,这个数就越准确,这两种想法都是错误的。这个准确程度与所用仪器刻度精细程度和所用的方法均有关系。例如:用25 mL刻度为0.1 mL的滴定管滴定COD时,消耗硫酸亚铁铵为4.52 mL时,有效数字为3位,其中4.5为确切读数,而0.02为估读数字。实验报告的每一位数字,除最后一位数可能有疑问外,都希望不带误差。如果可疑数不止一位,其他一位或几位就应剔除,剔除没有意义的位数时,应该采用四舍五入。实验过程中,直接测量的有效数字与仪表刻度有关,根据实际可能一般都应该尽可能估计到最小分度的1/10或1/5、1/2。

2. 有效数字的运算

(1)数字的舍入规则

计算和测量过程中,对很多位的近似数进行取舍时,应按照以下原则进行凑整。

①若舍去部分的数值,大于保留部分末位的半个单位,则末位数加1。

②若舍去部分的数值,小于保留部分末位的半个单位,则末位数减1。

③若舍去部分的数值,等于保留部分末位的半个单位,则末位凑成偶数,即当末位为偶数时则末位不变,当末位是奇数时则末位加1。

(2)数字的运算规则

①在近似数运算时,为了保证最后结果有尽可能高的精度,所有残余运算的数字,在有效数字后可多保留一位数字作为参考数字(或称为安全数字)。

②在近似数做加减运算时,各运算数据以小数位数最少的数据位数为准,其余各数据可多取一位小数,但最后结果应与小数位数最少的数据小数位相同。

③在近似数做乘除运算时,各运算数据以有效位数最少的数据位数为准,其余各数据可多取一位有效数,但最后结果应与有效位数最少的数据位数相同。

④在近似数做平方或开方运算时,近似数的选取与乘除运算相同。

⑤在对数运算时,对数位数的有效位数应与真数的有效位数相同。

⑥计算平均值时,若为 4 个数或超过 4 个数相平均,则平均值的有效数字位数可增加一位。

⑦计算有效数字位数时,若首位有效数字是 8 或 9 时,则有效数字要多计一位。

⑧计算有效数字位数时,公式中某些系数不是由实验测得,计算中不考虑其位数。

2.2 可疑测量值的取舍

在整理分析实验数据时,有时会发现个别测量值与其他测量值相差很大,通常称为可疑数值,在整理数据时,如何判断可疑数值的取舍是很重要的。

可疑数值的取舍,实际上是区别离群较远的数据究竟是偶然误差还是系统误差造成的,因此,应该按照统计检验的步骤进行处理。

对于一组测量值中离群数据的检验,常用方法有以下两个。

1. 3σ 法则

实验数据总体是正态分布时,先计算出数列标准误差,求其极限误差 $K\sigma=3\sigma$,此时测量数据落于 $\bar{x}\pm3\sigma$ 范围内的概率为 99.7%,即落于此区间以外的数据只有 0.3%的可能,这在一般测量次数不多的实验中是不易出现的,若出现了这种情况则可认为是由于某种误差错误造成的。因此这些特殊点的误差超过极限误差后,可以舍弃,一般依次进行可疑数据取舍的方法称为 3σ 法则。

2. 肖维涅准则

实验中常根据肖维涅准则利用表 3-1 决定可疑数据的取舍。

表 3-1　肖维涅准则系数 K

n	K	n	K
4	1.53	13	2.07
5	1.65	14	2.10
6	1.73	15	2.13
7	1.79	16	2.16
8	1.86	17	2.18
9	1.92	18	2.20
10	1.96	19	2.22
11	2.00	20	2.24
12	2.04		

注：n 为测量次数；K 为系数。

$K_\sigma = K\sigma$ 为极限误差，当可疑数据的误差大于极限误差 K_σ 时，即可舍弃。

2.3　分析结果的报告

1. 双份平行测定结果的报告

对于双份平行测定结果，如不超过允许公差，则以平均值报告结果。双份平行测定结果的相对平均偏差按下式计算：

$$\text{相对平均偏差}=\frac{|x_1-x_2|}{2\bar{x}}\times 100\%$$

标定标准溶液浓度，如果只进行两份标定，一般要求其标定相对平均偏差小于0.15%，才能以双份均值作为其浓度标定结果，否则必须进行多份标定。

2. 多份平行测定结果的报告

对于多份平行测定，在报告测定结果时，应当首先检查测定结果中是否存在离群值，即由于操作过失而导致的特大或特小值。因为在有限次测定中，离群值会影响结果的均值和精密度，所以必须判断此离群值是保留还是弃去。Q 检验法是常用的检验法之一，判断方法如下：将 n 个测定值由大到小排列，计算极差 R（最大值、最小值之差）及离群值和它相邻值之差的绝对值 $|a|$ 代入判断式：

$$Q=\frac{|a|}{R}$$

通过比较计算所得 Q 值与 90% 置信水平时的 Q_1 表值（见表 3-2）的大小，确定离群值的取舍。当 $Q>Q_1$ 表值，弃去离群值，否则保留。

表 3-2　90%置信水平下的 $Q-n$ 分布表

n	3	4	5	6	7	8	9	10
Q	0.94	0.76	0.64	0.56	0.51	0.47	0.44	0.41

第 3 节　实验数据的方差分析

在实验中常常要探讨不同实验条件或处理方法对实验结果的影响。通常是比较不同实验条件下样本均值间的差异。方差分析是检验两个或多个样本均值间差异是否具有统计意义的一种方法。

所谓方差分析就是利用实验测量值总偏差的可分解性，将不同条件所引起的偏差与实验误差分解开，按照一定规则进行比较，以确定条件偏差的影响程度及其相对大小。当已确认某几种因素对实验结果有影响时，可应用方差分析检验确定哪种因素对实验结果的影响显著，以及估计影响程度。

用方差分析法来分析实验结果，关键是寻找误差范围，利用数理统计中 F 检验法可以帮助我们解决这个问题，下面简单介绍用 F 检验法进行方差分析的方法。

3.1　单因素的方差分析

1. 基本公式

为研究某因素不同水平对实验结果有无显著的影响，设有 $A_1, A_2, \cdots, A_n$ 共 n 个水平，在每个水平下进行 m 次实验，总共进行了 $n \times m$ 次实验，实验结果是 x_{ij}，x_{ij} 表示在 A_i 水平下进行的第 j 个实验。

则总均值：

$$\overline{x} = \frac{1}{n \times m}\sum_{i=1}^{n}\sum_{j=1}^{\mathrm{m}} x_{ij}$$

某水平实验结果的平均值：

$$\overline{x} = \frac{1}{m}\sum_{j=1}^{\mathrm{m}} x_{ij}$$

总偏差平方和 Q_r：

$$\begin{aligned} Q_r &= \sum_{i=1}^{n}\sum_{j=1}^{m}(x_{ij}-\overline{x}_i)^2 = \sum_{i=1}^{n}\sum_{j=1}^{m}[(x_{ij}-\overline{x}_i)+(\overline{x}_i-\overline{x})]^2 \\ &= \sum_{i=1}^{n}\sum_{j=1}^{m}(x_{ij}-\overline{x}_i)^2 + \sum_{i=1}^{m} m(\overline{x}_i-\overline{x})^2 = Q_{\mathrm{E}} + Q_{\mathrm{A}} \end{aligned}$$

上式中 Q_E 为组内偏差平方和，即每个水平下各实验结果与该水平平均值之差的平方和，它反映水平的改变对实验结果的影响。Q_A 事实上反映了因素对实验结果的影响，故又称为因素偏差平方和。

各偏差平方和的自由度(变量的总个数)如下。

组内偏差平方和的自由度：

$$f_E = n \cdot m - n = n \cdot (m-1)$$

组间偏差平方和的自由度：

$$f_A = n-1$$

总偏差平方和的自由度：

$$f_T = n \cdot m - 1$$

方差与偏差平方和的关系为：

$$S^2 = \frac{Q}{f}$$

组内方差：

$$S_E^2 = \frac{Q_E}{f_E} = \frac{Q_E}{n \cdot (m-1)}$$

组间方差：

$$S_A^2 = \frac{Q_A}{f_A} = \frac{Q_A}{n-1}$$

总方差：

$$S_T^2 = \frac{Q_T}{f_T} = \frac{Q_T}{n \cdot m - 1}$$

令：

$$F = \frac{\frac{Q_A}{n-1}}{\frac{Q_F}{n(m-1)}} = \frac{S_A^2}{S_E^2}$$

2. 分析步骤

①列表，如表 3-3 所示。

②计算 S_T、S_A、S_E及相应的自由度。

③列表(见表 3-4)并计算 F 值。

④查 F 分布表，根据组间与组内自由度 $n_1 = f_A = n-1$，$n_2 = f_E = n(m-1)$ 与显著性水平 α，查出临界值 λ_α。

⑤分析判断：若 $F > \lambda_\alpha$，则反映因素对实验结果有显著的影响，是主要因素。若 $F < \lambda_\alpha$，则因素对实验结果无显著影响，是次要因素。

表 3-3　单因素方差分析计算表

项目	A_1	A_2	…	A_i	…	A_n	
1	x_{11}	x_{21}	…	x_{i1}	…	x_{n1}	
2	x_{12}	x_{22}	…	x_{i2}	…	x_{n2}	
…	…	…	…	…	…	…	
i	x_{1j}	x_{2j}	…	x_{ij}	…	x_{nj}	
…	…	…	…	…	…	…	
m	x_{1m}	x_{2m}	…	x_{im}	…	x_{nm}	
$\sum$	$\sum_{j=1}^{m} x_{1j}$	$\sum_{j=1}^{m} x_{2j}$	…	$\sum_{j=1}^{m} x_{ij}$	…	$\sum_{j=1}^{m} x_{nj}$	$\sum_{i=1}^{n}\sum_{j=1}^{m} x_{ij}$
$(\sum)^2$	$\left(\sum_{j=1}^{m} x_{1j}\right)^2$	$\left(\sum_{j=1}^{m} x_{2j}\right)^2$	…	$\left(\sum_{j=1}^{m} x_{ij}\right)^2$	…	$\left(\sum_{j=1}^{m} x_{nj}\right)^2$	$\sum_{i=1}^{n}\left(\sum_{j=1}^{m} x_{ij}\right)^2$
$\sum^2$	$\sum_{j=1}^{m} x_{1j}^2$	$\sum_{j=1}^{m} x_{2j}^2$	…	$\sum_{j=1}^{m} x_{ij}^2$	…	$\sum_{j=1}^{m} x_{nj}^2$	$\sum_{i=1}^{n}\sum_{j=1}^{m} x_{ij}^2$

表 3-4　方差分析表

方差来源	差方和	自由度	均方	F
组间误差(因素 A)	S_A	$n-1$	$\overline{S}_A=\frac{S_A}{n-1}$	$F=\frac{\overline{S}_A}{\overline{S}_E}$
组内误差	S_E	$n(m-1)$	$\overline{S}_E=\frac{\overline{S}_E}{n(m-1)}$	
综合	$S_T=S_E+S_A$	$n\cdot m-1$		

3.2　正交实验方差分析

正交实验方差分析的基本思想与单因素方差分析一样，关键问题也是把实验数据中的差异即总偏差平方和分解成两部分。一部分反映因素水平变化引起的差异，即组间偏差平方和；另一部分反映实验误差引起的差异，即组内偏差平方和。而后计算它们的平均偏差和即均方和，进行各因素组间均方和与误差均方和的比较，应用 F 检验法，判断各因素影响的显著性。

由于正交实验是利用正交表进行的实验，所以方差分析与单因素方差分析也有所不同。正交实验方差分析有三类：①正交表各列未饱和情况；②正交表各列饱和情况；③有重复实验的正交实验。

1. 正交表各列未饱和情况下方差分析

由于进行正交表的方差分析时，误差平方和 S_E 的处理十分重要，而且又有很大灵活性，因而在安排实验，进行显著性检验时，所进行正交实验的表头设计，应尽可能不把正交表的列占满，即要留有空白列，此时各空白列的偏差平方和及自由度，就分别代表了误差平方和 S_E 与误差项自由度 f_E。

表 3－5 中，n 为实验总数，即正交表中排列的总实验次数；b 为某因素下水平数；a 为某因素下同水平的实验次数；m 为因素个数；i 为因素代号，1，2，3，…，或 $A,B,C,\cdots$；S_0 为空列项偏差平方和。

表 3－5　正交实验统计量与偏差平方和计算式

内容		正交计算式
统计量	P	$P=\frac{1}{n}(\sum_{z=1}^{n}y_z)^2$
	Q_i	$Q_i=\frac{1}{a}\sum_{j=1}^{b}K_{ij}^2$
	W	$W=\sum_{z=1}^{n}y_z^2$
偏差平方和	组间 S_i	$S_i=Q_i-P \quad i=A,B,C,D,\cdots,m$
	组内 S_E	$S_E=S_O=Q_O-P$ 或 $S_E=S_T-\sum_{i=1}^{m}S_i$
	总偏差 S_T	$S_T=W-P$ 或 $S_T=\sum_{i=1}^{m}S_i+S_E$

例：为了提高污水中某种物质的转化率，选择了三个有关的因素：反应温度 A，加碱量 B 和加酸量 C，每个因素选三个水平，如表 3－6。

表 3－6　正交实验因素设计表

因素 水平	A 反应温度/℃	B 加碱量/kg	C 加酸量/kg
1	80	35	25
2	85	48	30
3	90	55	35

(1)试按 $L_9(3^4)$ 安排实验。

(2)对结果进行方差分析。

解：① 实验方案如表 3－7 所示。

表 3-7 实验方案

实验号	反应温度/℃	加碱量/kg	加酸量/kg	空白	转化率/%
1	80(1)	35(1)	25(1)	1	51
2	80(1)	48(2)	30(2)	2	71
3	80(1)	55(3)	35(3)	3	58
4	85(2)	35(1)	30(2)	3	82
5	85(2)	48(2)	35(3)	1	69
6	85(2)	55(3)	25(1)	2	59
7	90(3)	35(1)	35(3)	2	77
8	90(3)	48(2)	25(1)	3	85
9	90(3)	55(3)	30(2)	1	84
K_1	1.80	2.10	1.95	2.04	
K_2	2.10	2.25	2.37	2.07	
K_3	2.46	2.01	2.04	2.25	
$\overline{K_1}$	0.6	0.7	0.65	0.68	
$\overline{K_2}$	0.7	0.75	0.79	0.69	
$\overline{K_1}$	0.82	0.67	0.68	0.75	
R	0.22	0.08	0.14	0.07	

②步骤。

a.计算各因素不同水平的效应值 K 及指标 y 之和。

b.计算组间、组内偏差平方和。

本例中：

$$P=\frac{1}{n}(\sum_{z=1}^{n}y_z)^2=\frac{1}{9}(6.36)^2=4.4944$$

$$Q_A=\frac{1}{a}\sum_{j=1}^{b}K_{Aj}^2=\frac{1}{3}(1.80^2+2.10^2+2.46^2)=4.5672$$

$$Q_B=\frac{1}{a}\sum_{j=1}^{b}K_{Bj}^2=\frac{1}{3}(2.10^2+2.25^2+2.01^2)=4.5042$$

$$Q_C=\frac{1}{a}\sum_{j=1}^{b}K_{Cj}^2=\frac{1}{3}(1.95^2+2.37^2+2.04^2)=4.527$$

$$Q_D=\frac{1}{a}\sum_{j=1}^{b}K_{Dj}^2=\frac{1}{3}(2.04^2+2.07^2+2.25^2)=4.503$$

$$W=\sum_{z=1}^{n}y_z^2=0.51^2+0.71^2+0.58^2+0.82^2+0.69^2+0.59^2+0.77^2+0.85^2+0.84^2=4.6182$$

则 $S_A=Q_A-P=4.5672-4.4944=0.728$

$S_B=Q_B-P=4.5042-4.4944=0.0098$

$S_C=Q_C-P=4.527-4.4944=0.0326$

$S_D=S_O=S_E=Q_O-P=4.503-4.4944=0.0086$

$S_T=S_A+S_B+S_C+S_E=0.0728+0.0098+0.0326+0.0086=0.1238$

或 $S_T=W-P=4.6182-4.4944=0.1238$

则 $S_E=S_T-\sum S_i=0.1283-0.0728-0.0098-0.0326=0.0086$

c. 计算自由度。

总和自由度 $f_T=n-1=9-1=8$

各因素自由度为水平数减 1，$f_A=f_B=f_C=3-1=2$

误差自由度 $f_E=f_T=\sum f_i=8-2-2-2=2$

d. 列方差分析检验表，如表 3-8 所示。

表 3-8 方差分析检验表

方差来源	偏差平方和	自由度	均方	F 值	$F_{0.05}$	$F_{0.01}$
因素 A（反应温度）	(S_A)0.0728	2	0.0364	$\frac{\overline{S_A}}{\overline{S_E}}$8.4651	19.00	99.00
因素 B（加碱量）	0.0098(S_B)	2	0.0049	1.1395	19.00	99.00
因素 C（加酸量）	0.0326(S_C)	2	0.0163	3.7907	19.00	99.00
误差	0.0086(S_E)	2	0.0043			
总和	0.1238(S_T)	8				

根据因素误差的自由度 $n_1=2, n_2=2$ 和显著性水平 $a=0.05$。

查 F 分布表，得 $F_{0.05}=19.00$

由于 $F<F_{0.05}$，故该三因素均为非显著性因素。（这一结论可能是因为实验中反应温度，加碱量及加酸量范围选择过窄的缘故。）

2. 正交表各列饱和情况下方差分析

区别：误差平方和的求解，因为正交表各列均排满因素，如果按 $S_E=S_T-\sum S_i$ 求得，则 $S_E=0$，这是不可能的，故不能按上式计算。

方法：将正交表中一个或几个因素偏差小的偏差平方和代替误差平方和。

3. 有重复实验的正交方差分析

这种方法与无重复实验的方差分析的区别在于以下几点。

(1)在列正交实验成果表与计算各因素不同水平的效应及指标 y 之和时

①将重复实验的结果(指标值)均列入成果栏内。

②计算各因素不同水平的效应 K 值时，是将相应的实验成果之和代入，个数为该水平重复数 a 与实验重复次数 c 之积。

③成果 y 之和为全部实验结果之和，个数为实验次数 n 与重复次数 c 之积。

(2)求统计量与偏差平方和时

①实验总次数 N 为正交表实验次数 n 与重复实验次数 c 之积。

②某因素下同水平实验次数 a' 为正交表中该水平出现次数 a 与重复实验次数之积。统计量 P、Q、W 按下列公式求解：

$$P=\frac{1}{n\cdot c}(\sum_{z=1}^{n}y_z)^2 \quad Q_i=\frac{1}{a\cdot c}\sum_{j=1}^{n}K_{ij}^2 \quad W=\frac{1}{c}\sum_{z=1}^{n}y_z^2$$

重复实验时，实验误差包括两部分，S_{E1}，S_{E2}，$S_E=S_{E1}+S_{E2}$

S_{E1}：由于无重复实验中误差项是指此类误差，故称第一误差变动平方和；

S_{E2}：仅反映重复实验造成的整个实验组内的变动平方和，只反映实验误差大小，故又称为第二误差变动平方和。计算式为：

$$S_{E2}=\text{各成果数据平方和}-\frac{\text{同一实验条件下成果数据和的平方之和}}{\text{重复实验次数}}$$

$$=\sum_{i=1}^{n}\sum_{j=i}^{c}y_{ij}^2-\frac{\sum_{i=1}^{n}(\sum_{j=1}^{c}y_{ij})^2}{c}$$

第4节　实验数据处理

实验数据的处理就是将实验测得的一系列数据经过计算整理后用最适宜的方式表示出来，实验中常用列表法、图示法和方程表示法三种形式表示。

4.1　列表法

将实验数据按自变量与因变量的对应关系而列出数据表格形式即为列表法，列表法具有制表容易、简单、紧凑、数据便于比较的优点，是标绘曲线和整理成为方程的基础。实验数据可分为实验数据记录表(原始数据记录表)和实验数据整理表两类。实验数据记录表是根据实验内容待测数据设计，实验数据整理表是由实验数据经计算整理间接得出的表格形式，表达主要变量之间关系和实验的结论，根据实验内容设计拟定表格时应注意以下几个问题。

①表格设计要力求简明扼要，一目了然，便于阅读和使用。记录、计算项目满

足实验要求。

②表头应列出变量名称、符号、单位。同时要层次清楚、顺序合理。

③表中的数据必须反映仪表的精度,应注意有效数字的位数。

④数字较大或较小时应采用科学记数法。

⑤数据整理时尽可能利用常数归纳法(即转化因子)。

⑥在数据整理表格下边,要求附以某一组数据进行计算示例,表明各项之间的关系,以便阅读或进行校核。

4.2 图示法

上述列表法一般难见数据的规律性,为了便于比较和简明直观地显示结果的规律性或变化趋势,常常需要将实验结果用图形表示出来,正确作图的一些基本原则如下。

1. 坐标纸的选择

常用的坐标纸有直角坐标纸、半对数坐标纸和双对数坐标纸等。选择坐标纸时,应根据研究变量间的关系,确定选用哪种坐标纸,坐标不宜太密或太稀。

2. 坐标纸的使用及实验数据的标绘

①按照使用习惯取横轴为自变量,纵轴为因变量,并标明各轴代表的名称、符号和单位。

②根据标绘数据的大小对坐标轴进行分度,所谓坐标轴分度就是选择坐标每刻度代表数值的大小。坐标轴的最小刻度表示出实验数据的有效数字,同时在刻度线上加注便于阅读的数字。

③坐标原点的选择,在一般的情况下,对普通直角坐标原点不一定从零开始,应视标绘数据的范围而定,可以选取最小数据将原点移到适当位置。对于对数坐标,坐标轴刻度是按 1,2,…,10 的对数值大小划分的,每刻度为真数值。当用坐标表示不同大小的数据时,其分度要遵循对数坐标规律,只可将各值乘以 10^n 倍(n 取正负整数),而不能任意划分。因此,坐标轴的原点只能取对数坐标轴上规定的值做原点,而不能任意确定。

④标绘的图形占满整幅坐标纸,匀称居中,避免图形偏于一侧。

⑤标绘数据和曲线:将实验结果依自变量和因变量关系,逐点标绘在坐标纸上。若在同一张坐标纸上,同时标绘几组数据,则各实验点要用不同符号(如●,×,▲,○,◆等)加以区别,根据实验点的分布绘制一条光滑曲线,该曲线应通过实验点的密集区,使实验点尽可能接近该曲线,且均匀分布于曲线的两侧,个别偏离曲线较远的点应加以剔除。

4.3 方程法

在实验数据处理中，除了用表格和图形描述变量的关系外，常常需要将实验数据或计算结果用数学方程或经验公式的形式表示出来。经验公式通常都表示成无因次的数群或准数关系式，确定公式中的常数和待定系数是实验数据的方程表示法的关键。经验公式或准数关系式中的常数和待定系数的求法很多，下面介绍最常用的图解法、平均值法和最小二乘法。

1. 图解法

图解法仅限于具有线性关系或非线性关系式通过转换成线性关系的函数式常数的求解。首先选定坐标系，将实验数据在图上标绘成直线，求解直线斜率和截距，进而确定线性方程的各常数。

(1)一元线性方程的图解

设一组实验数据变量间存在线性关系：$y=a+bx$。通过图解确定方程中斜率 b 和截距 a，如图 3-1 所示。在图中选取适宜距离的两点 $a_1(x_1,y_1)$，$a_2(x_2,y_2)$，直线的斜率为：$b=\frac{y_2-y_1}{x_2-x_1}$。直线的截距，若 x 坐标轴的原点为 0，可以在 y 轴上直接读取值(因为 $x=0$，$y=a$)。或可用外推法，使直线延长交于纵轴于一点 c，c 则为直线的截距。否则，由下式计算：

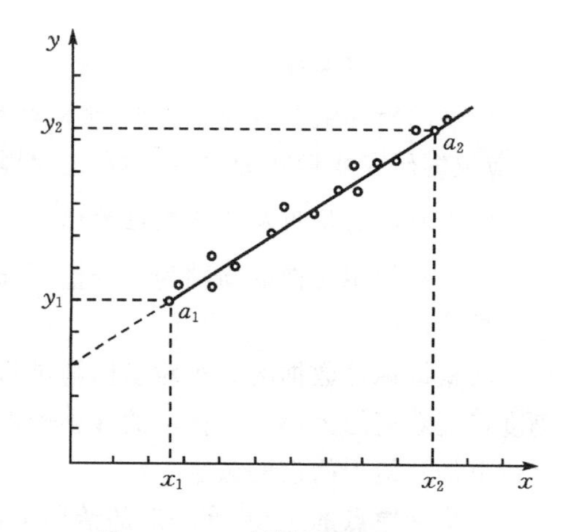

图 3-1　一元线性方程的图解

$$a=\frac{y_1x_2-y_2x_1}{x_2-x_1}$$

以上式中 $a_1(x_1,y_1)$，$a_2(x_2,y_2)$是从直线上选取的任意两点值。为了获得最大准确度，尽可能选取直线上具有整数值的点，a_1，a_2 两点距离以大为宜。若在对数坐标上用图解法求斜率时请注意斜率的正确求法。

(2)二元线性方程的图解

若实验研究中，所研究对象的物理量即因变量与两个变量成线性关系，可采用以下函数式表示：

$$y=a+bx_1+cx_2$$

上述方程为二元线性方程函数式。可用图解法确定式中常数：a，b，c。首先令其中一变量恒定不变，如设 $a+bx_1$ 等于常数 d，则上式可改写成：$y=d+cx_2$。

由 y 与 x_2 的数据可在直角坐标中标绘出一直线，如图 3－2(a)所示。采用上述图解法可确定 x_2 的系数 c。

在图 3－2(a)中直线上任取两点 $e_1(x_{21},y_1)$，$e_2(x_{22},y_2)$，则有：

$$c=\frac{y_2-y_1}{x_{22}-x_{21}}$$

当 c 求得后，将其代入原式中并将原式重新改写成以下形式：

$$y-cx_2=a+bx_1$$

令 $y'=y-cx_2$，可得新的线性方程：

$$y'=a+bx_1$$

由实验数据 y，x_2 和 c 计算得 y'，由 y'与 x_1 在图 3－2(b)中标绘其直线，并在该直线上任取 $f_1(x_{11},y'_1)$，$f_2(x_{12},y'_2)$两点。由 f_1，f_2 即可确定 a，b 两个常数：

$$b=\frac{(y'_2-y'_1)}{(x_{12}-x_{11})}$$

$$a=\frac{(y'_1x_{12}-y'_1x_{11})}{(x_{12}-x_{11})}$$

在确定 b，a 时，其自变量 x_1，x_2 应同时改变，才使其结果覆盖整个实验范围。

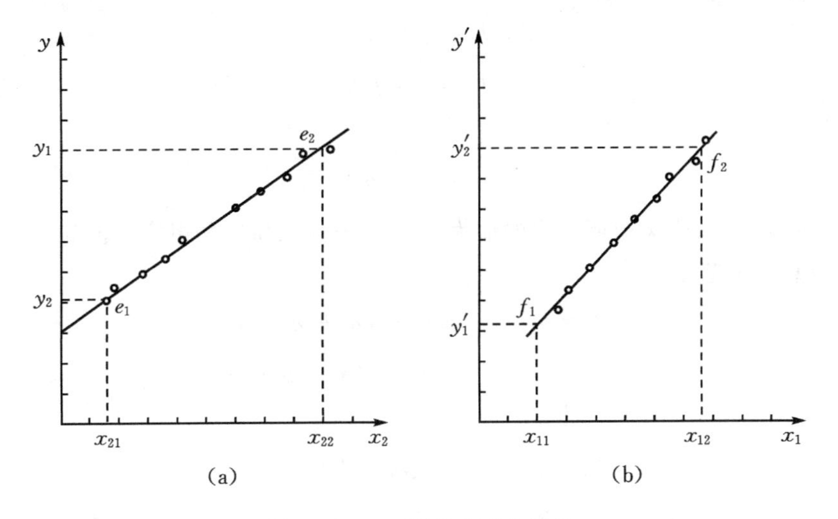

图 3－2　二元线性方程的图解

2. 平均值法

当函数式是线性的，或者可线性化，则该函数适合 $Y=A+BX$。列出条件方程 $Y_i=A+BX_i$，使条件方程的数目 n 等于已知的实验个数，然后按照偶数相等，或奇数近似相等的原则，将条件方程相加，得出下列两个方程：

$$\sum_{1}^{m} Y_i = mA + B\sum_{1}^{m} X_i$$

$$\sum_{m+1}^{n} Y_i = (n-m)A + B\sum_{m+1}^{n} X_i$$

解之,即可求得系数 A 和 B 的值。

3. 最小二乘法

在图解时,坐标纸上标点会有误差,而根据点的分布确定直线位置时,具有人为性,因此用图解法确定直线斜率及截距常常不够准确,较准确的方法是最小二乘法。它的原理是:最佳的直线就是能使各数据点同回归线方程求出值的偏差的平方和为最小,也就是落在该直线一定的数据点其概率为最大,下面具体推导其数学表达式。

(1)一元线性回归

已知 N 个实验数据点 (χ_1, y_1),(χ_2, y_2),…,(χ_N, y_N) 。

设最佳线性函数关系式为 $y=b_0+b_1\chi$。则根据此式 N 组 χ 值可计算出各组对应的 y'值:

$$\begin{aligned} y_1' &= b_0 + b_1\chi_1 \\ y_2' &= b_0 + b_1\chi_2 \\ &\vdots \\ y_N' &= b_0 + b_1\chi_N \end{aligned}$$

而实测时,每个 χ 值所对应的值为 $y_1, y_2, \cdots, y_N$,所以每组实验值与对应计算值 y'的偏差 δ 应为:

$$\begin{aligned} \delta_1 &= y_1 - y_1' = y_1 - (b_0 + b_1\chi_1) \\ \delta_2 &= y_2 - y_2' = y_2 - (b_0 + b_1\chi_2) \\ &\vdots \qquad\quad \vdots \\ \delta_N &= y_N - y_N' = y_N - (b_0 + b_1\chi_N) \end{aligned}$$

按照最小二乘法的原理,测量值与真值之间的偏差平方和为最小。$\sum_{i=1}^{n}\delta_i^2$ 最小的必要条件为:

$$\begin{cases} \dfrac{\partial(\sum\delta_i^2)}{\partial b_0} = 0 \\ \dfrac{\partial(\sum\delta_i^2)}{\partial b_1} = 0 \end{cases}$$

展开可得

$$\frac{\partial(\sum \delta_i^2)}{\partial b_0}$$

$$=2[y_1-(b_0+b_1\chi_1)]-2[y_2-(b_0+b_1\chi_2)]\cdots-2[y_N-(b_0+b_1\chi_N)]$$

$$=0$$

$$\frac{\partial(\sum \delta_i^2)}{\partial b_1}$$

$$=-2\chi_1[y_1-(b_0+b_1\chi_1)]-2\chi_2[y_2-(b_0+b_1\chi_2)]\cdots-2\chi_N[y_N-(b_0+b_1\chi_N)]$$

$$=0$$

写成和式：

$$\begin{cases}\sum y-Nb_0-b_0\sum x=0\\ \sum xy-b_0\sum x-b_1\sum x^2=0\end{cases}$$

联立解得：

$$\begin{cases}b_0=\dfrac{\sum x_l y_l\cdot\sum x_l-\sum y_l\cdot\sum x_l{}^2}{(\sum x_l)^2-N\sum x_l{}^2}\\[2ex] b_1=\dfrac{\sum x_l\cdot\sum y_l-N\sum x_l\cdot y_l}{(x_l{}^2)-N\sum x_l{}^2}\end{cases}$$

由此求得的截距为 b_0，斜率为 b_1 的直线方程，就是关联各实验点最佳的直线。

(2)线性关系的显著检验——相关系数

在我们解决如何回归直线以后，还存在检验回归直线有无意义的问题，我们引进一个叫相关系数(r)的统计计量，用来判断两个变量之间的线性相关的程度：

$$r=\frac{\sum_{l=1}^{n}(x-\overline{x})\cdot(y-\overline{y})}{\sqrt{\sum_{l=1}^{n}(x-\overline{x})^2\cdot\sum_{l=1}^{n}(y-\overline{y})^2}}$$

式中：

$$\overline{x}=\frac{1}{N}\sum_{l=1}^{m}x_l$$

$$\overline{y}=\frac{1}{N}\sum_{l=1}^{n}y_l$$

在概率中可以证明，任意两个随机变量的相关系数的绝对值不大于 1。即 $|r|\leqslant 1$ 或 $0\leqslant|r|\leqslant 1$。

r的物理意义是表示两个随机变量χ和y的线性相关的程度，现分几种情况加以说明。当$r=\pm1$时，即N组实验值(χ_i, y_i)全部落在直线$y'=b_0+b_1\chi$上，此时称为完全相关。当$|r|$越接近1时，即N组实验值(χ_i, y_i)越靠近直线$y'=b_0+b_1\chi$，变量y与χ之间关系越近于线性关系。当$r=0$，变量之间就完全没有线性关系了。但是应该指出，当r很小时，表现不是线性关系，但不等于就不存在其它关系。

第4章　实验水样的采集与保存

合理的水样采集和保存方法是保证检测结果能正确地反映被检测对象特征的重要环节。因此要想获得真实可靠的水质化验结果，首先必须根据被检测对象的特征拟定水样采集计划，确定采样地点、采样时间、水样数量和采样方法，并根据检测项目决定水样保存方法，力求做到所采集的水样，其组成成分的比例或浓度与被检测对象的所有成分一样，并在测试工作开展以前，各成分不发生显著的物理、化学、生物等变化。

第1节　水样的采集

1.1　水样的类型

水样类型主要分为瞬时水样、混合水样和综合水样，与之相应的采样形式也可以分为瞬时采样、混合采样和综合采样。

1. 瞬时水样

在某一定的时间和地点从水体中随机采集到的水样。适用于水体流量和污染物浓度都相对稳定的水体，即水体的水质比较稳定。瞬时水样是饮水卫生监测工作中的主要水样采集类型。

2. 混合水样

在同一采样点于不同时间所采集的瞬时水样的混合水样，称"时间混合水样"，以与其他混合水样相区别。混合水样常用来代替一大批个别水样的分析，对于观察平均浓度最为有效。在进行样品混合时，应使各个水样依照流量大小按比例(体积比)混合。

3. 综合水样

在同一时间不同采样点采集的各个瞬时水样混合后所得到的样品，是代表整个横断面上各点和它们的相对流量成比例的混合样品。综合水样可用于评价江河水系的平均组成成分或总的负荷。

1.2 采样前的准备

在进行具体采样工作之前，要根据分析项目的性质和采样方法的要求制定采样计划，内容包括：采样目的、检验指标、采样时间、采样地点、采样方法、采样频率、采样数量、采样容器的清洗、采样体积、样品保存方法、样品标签、现场测定项目、采样质量控制、运输工具和条件等，按照制定好的采样计划，准备好现场记录表格、采样器具、盛水容器、运输工具等。

1. 采样器、盛水器

采样器应具有足够的强度，且使用方便。对于表层水的采集可使用无色具塞硬质玻璃或具塞聚乙烯瓶或水桶。采集深层水时，需要专门采样器（见图 4-1、图 4-2）和自动采水器。对水中特定成分的分析，要求使用专用容器，例如测 OD，应用溶解氧瓶采集水样。

盛水容器材质必须化学稳定性好，不会溶出待测组分，在贮存期内不会与水样发生物理化学反应，用于微生物检验用的容器能耐受高温灭菌等。目前的盛水容器一般由聚四氟乙烯、聚乙烯、石英玻璃和硼硅玻璃等材质制成，通常塑料容器（P—Plastic）常用作测定金属、放射性元素和其他无机物的水样容器，硬质玻璃容器（G—Glass）常用作测定有机物和生物类等的水样容器。

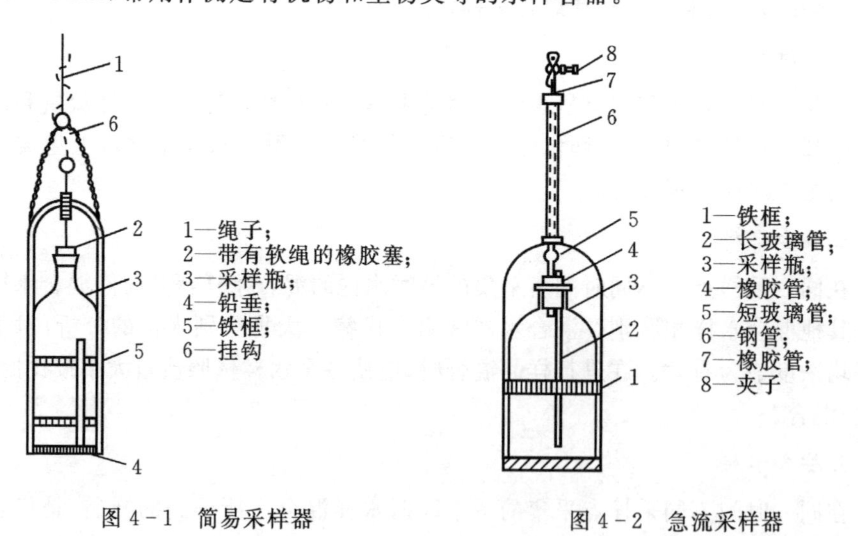

图 4-1 简易采样器　　图 4-2 急流采样器

2. 容器的清洗

清洗容器的方法需按水样待测定组分的要求来确定。测定一般理化指标的采样容器用水和洗涤剂清洗，除去灰尘、油垢后用自来水冲洗干净，然后用质量分数

10%的硝酸(或盐酸)浸泡 8 h,取出沥干后用自来水冲洗 3 次,并用蒸馏水充分淋洗干净。测定有机物指标的采样容器用重铬酸洗液浸泡 24 h,然后用自来水冲洗干净,用蒸馏水淋洗后置烘箱内 180℃烘 4 h,冷却后再用纯化过的己烷、石油醚冲洗数次。测定微生物学指标的采样容器用自来水和洗涤剂洗涤,并用自来水彻底冲洗后用质量分数为 10%的盐酸溶液浸泡过夜,然后依次用自来水、蒸馏水洗净。特殊采样器的清洗方法则可参照仪器说明书。

3. 采样量

采集的水样量应满足分析的需要并应该考虑重复测试所需的水样量和留作备份测试的水样用量,每种分析方法通常会对相应监测项目的用水体积提出明确要求。表 4-1 列出了水中常规检验指标的采样量及容器的洗涤要求可供参考。

表 4-1 水样采样量和容器的洗涤

测定项目	容器材质	容器洗涤要求	采集量/mL
pH	P、G	将容器用水和洗涤剂清洗,除去灰尘、油垢后用自来水冲洗干净,然后用 10%硝酸(或盐酸)浸泡 8h,取出沥干后用自来水冲洗 3 次,并用蒸馏水充分淋洗干净; 在采样前用水样荡洗采样器、容器和塞子 2～3 次(采集供微生物检测的水样除外)。	100
色度	G		100
臭和味	G		200
浑浊度	P、G		100
溶解性总固体	P、G		200
总硬度	P、G		100
氟化物	P		100
氯化物	P、G		100
氨 氮	P、G		400
硝酸盐	P、G		100
耗氧量	G		200
亚硝酸盐	P、G		100
硫酸盐	P(A)、G(A)		1000
砷	P、G		100
金属(铁、锰)	P(A)、G(A)		1000
微生物	G(消毒)		500
余氯	G		现场测定

注:P 指聚乙烯塑料,G 指硼硅硬质玻璃,P(A)或 G(A)指硝酸溶液(1+1)浸泡。

1.3 采样点布设

采样点布设是关系到水质监测分析数据是否有代表性，能否真实地反映水质现状及变化趋势的关键环节。

1.采样断面布设

该方法分为分断面布设和多断面布设法。对于江河水系，应在污染源的上、中、下游布设3个采样断面，其中上游断面为对照、清洁断面，中游断面为检测断面(或称污染断面)，下游断面为结果断面；对于湖泊、水库，应分别在入口和出口处布设2个检测断面；城市或大工业区的取水口上游处可布设1个检测断面。断面位置应避开死水区、回水区、排污口处，尽量选择顺直河段、河床稳定、水流平稳、水面宽阔、无急流、无浅滩处。

2.采样点布设

对于河流，在每个采样断面上，可根据分析测定目的、水面宽度和水流情况，沿河宽和河深方向布设1个或若干个采样点。一般采样点设在水面下0.2～0.5 m处。还可根据需要，在采样点的垂线上分别采集表层水样(水面下0.5～1m)、深层水样(距底部以上0.5～1m)和中层水样(表层和深层采样点之间的中心位置处)3个点。

对于地下水，布点要与抽水点一致；工业废水和生活污水的采样点布设应当设立在污水、废水的总排出口，在工业废水采样点布设中还应考虑到车间等废水排放口，如果生活水质监测中要求监测污水处理的效果，则应当考虑在进水口也设立采样点；对湖泊、水库，可划分为几个部分，在每个部分内设立采样点。

1.4 水样采集的注意事项

①采样时不可搅动水底的沉积物。

②测定悬浮物、pH、溶解氧、生化需氧量、油类、硫化物、余氯、放射性、微生物等项目需要单独采样。其中，测定溶解氧、生化需氧量和有机污染物等项目的水样必须充满容器。测定油类的水样应在水面至水面下300 mm采集柱状水样，全部用于测定，且不能用采集的水样冲洗采样器(瓶)。pH、电导率、溶解氧等项目宜在现场测定。完成现场测定的水样，不能带回实验室供其他指标测定使用。

③采样时需同步测量水文参数和气象参数；必须认真填写采样登记表；每个水样瓶都应贴上标签(填写采样点编号、采样日期和时间、测定项目等)；塞紧瓶塞，必要时密封。

第2节　水样的保存

由于环境作用，水质可能会发生物理、化学和生物等各种变化。因此，水样的采集与分析之间的时间间隔越短，分析结果越可靠。有些检测项目要求现场测定的应在现场立即测定。例如，水温、溶解氧、CO_2、色度、亚硝酸盐氮、嗅阈值、pH、总不可滤残渣(或总悬浮物)、酸度、碱度、浊度、电导率、余氯等。如不能立即分析，可人为地采取一些保护性措施来降低化学反应速度，防止组分的分解和沉淀产生，减慢化合物或络合物的水解和氧化还原作用，减少组分的挥发、溶解和物理吸附，减慢生物化学作用等。

2.1　保存方法

1. 加入保存试剂

保存剂可事先加入空瓶中亦可在采样后立即加入水样中。经常使用的保存剂有各种酸、碱及杀菌剂，加入量因需要而异。加入的保存剂不应干扰其它组分的测定，所以一般加入保存剂的体积很小，其影响可以忽略。常用的保存试剂主要有以下几种类型。

(1)生物抑制剂

加入生物抑制剂可以减缓生物作用。常用的试剂有氯化高汞，加入量为每升20～60mL。但在测水样的汞含量时，就不能使用这种试剂，这时可以加入苯、甲苯或氯仿等，每升水样加0.5～1mL。

(2)pH调节剂

为防止金属元素沉淀或被容器吸附，可加酸至pH≤2，一般加硝酸，但对部分组分可加硫酸保存，使水样中的金属元素呈溶解状态，一般可保存数周。对汞的保存时间较短，一般为7天。有些样品要求加入碱，例如测定氰化物水样应加碱至pH=12保存，因为酸性条件下氰化物会产生HCN逸出。

(3)氧化或还原剂

氧化剂或还原剂的加入可减缓某些组分氧化、还原反应的发生。如测定汞的水样需加入HNO_3(至pH≤2)和$K_2Cr_2O_7$(0.05%)，使汞保持高价态；测定硫化物的水样，加入抗坏血酸，可以防止被氧化。

2. 冷藏或冷冻

将水样在4℃冷藏或迅速冷冻，贮存暗处，可抑制微生物活动，减缓物理挥发和化学反应速度。冷藏是短期内保存样品的一种较好的办法，且对后续测定基本无影响，但冷藏时间不能超过规定的保存期限。

2.2 保存条件

水样的保存期限主要取决于待测物的浓度、化学组成、物理化学性质、所要检测的项目及贮存条件。水样保存没有通用的原则，由于水样的组分、浓度和性质不同，同样的保存条件不能保证适用于所有类型的样品。因此在采样前应根据样品的性质、组成和环境条件来选择适宜的保存方法和保存剂，同时，重视对水样保存的容器的选择也是十分必要的。表 4-2 提供了常用的保存方法。

表 4-2 采样容器、保存方法和保存期

检测项目	采样容器	保存方法	保存时间
pH[a]	P、G	冷藏	12h
色度[a]	P、G	冷藏	12h
电导[b]	P、G	冷藏	12h
浊度[a]	P、G	冷藏	12h
碱度[b]	P、G		12h
酸度[b]	P、G		30d
COD	G	每升水样加 0.8 mL 浓硫酸，冷藏	24h
BOD_5[b]	溶解氧瓶		12h
DO[a]	溶解氧瓶	加入硫酸锰，碱性碘化钾，叠氮化钠溶液，现场固定	24h
TOC	G	加入硫酸至 pH≤2	7d
F[b]	P		14d
Cl[b]	G,P		28d
Br[b]	G,P		14h
I^-[b]	G	氢氧化钠，pH=12	14h
SO_4^{2-}[b]	G,P		28d
PO_4^{3-}	G,P	氢氧化钠，硫酸调至 pH=7，三氯甲烷 0.5%	7d
氨氮[b]	P、G	每升水样加 0.8 mL 浓硫酸（ρ_{20}=1.84 g/mL）	24h
硝酸盐氮[b]	P、G		24h

续表 4-2

检测项目	采样容器	保存方法	保存时间
亚硝酸盐氮[b]	P、G	冷藏	尽快测定
硫酸盐	P(A)、G(A)	冷藏	28d
氰化物、挥发酚类[b]	G	加氢氧化钠至 pH≥12，如有游离余氯，加亚砷酸钠除去	24h
B	P		14d
Cr^{6+}	P、G(内壁无磨损)	氢氧化钠，pH=7～9	尽快测定
Hg	P、G	硝酸(1+9，含重铬酸钾 50 g/L)至 pH≤2	30d
Ag	P、G(棕色)	加硝酸至 pH≤2	14d
As	P、G	加硫酸至 pH≤2	7d
一般金属	P	加硝酸至 pH≤2	14d
卤代烃类[b]	G	现场处理后冷藏	4h
苯并(a)芘[b]	G		尽快测定
油类	G(广口瓶)	加盐酸至 pH≤2	7d
农药类[b]	G(衬聚四氟乙烯盖)	加抗坏血酸 0.01～0.02g 除去残留余氯	24h
除草剂类[b]	G		24h
邻苯二甲酸二甲酯类[b]	G		24h
挥发性有机物[b]	G	用盐酸(1+10)调至 pH≤2，加入抗坏血酸 0.01～0.02g 除去残留余氯	12h
甲醛、乙醛、丙烯醛[b]	G	每升水样加入 1 mL 浓硫酸	24h
放射性物质	P		5d
微生物[b]	G(灭菌)	每 125 mL 水样加入 0.1 mg 硫代硫酸钠除去残留余氯	4h
生物[b]	P、G	当不能现场测定时用甲醛固定	12h

注：a 表示应现场测定。b 表示应低温(0～4 ℃)避光保存。G 为硬质玻璃瓶；P 为聚乙烯瓶(桶)。

第二篇　实验篇

第 5 章　基础性实验

实验一　混凝实验

1. 实验目的

分散在水中的胶体颗粒带有电荷，同时在布朗运动及其表面水化作用下，长期处于稳定分散状态，不能用自然沉淀方法去除。通常用混凝方法去除胶体颗粒，向这种水中投加混凝剂后，可以使分散的颗粒相互结合聚集增大，从水中分离出来。

由于各种原水有很大差别，混凝效果不尽相同。混凝剂的混凝效果不仅取决于混凝剂投加量，同时还取决于水的 pH 值、水流速度梯度、温度等因素。

通过本实验希望达到下述目的：

①了解混凝现象及过程，混凝的净水作用及影响混凝的主要因素，加深对混凝机理的理解；

②学会优化废水混凝处理条件（包括混凝剂种类、投药量、pH 值、水流速度梯度等）的基本方法；

③了解助凝剂对混凝效果的影响。

2. 实验原理

水中的胶体颗粒是使水产生浊度的重要原因。胶粒间的静电斥力、胶粒的布朗运动及胶粒表面的水化作用，使得胶粒具有分散稳定性，三者中以静电斥力影响最大。胶粒表面的电荷值常用电动电位 ζ 来表示，又称为 zeta 电位。zeta 电位的高低决定了胶体颗粒之间斥力的大小及胶体颗粒的稳定程度，胶粒的 zeta 电位越高，胶体颗粒的稳定性越高。

一般天然水体中胶体颗粒的 zeta 电位在 −30 mV 以下，投加混凝剂以后，该电位升至 −15 mV 左右，即可得到较好的混凝效果，而 zeta 电位升为零时，却往往不是最佳混凝效果。

投加混凝剂的多少，直接影响混凝的效果。投加量不足或投加量过多，均不能获得良好的混凝效果。不同水质对应的最优混凝剂投加量也各不相同，必须通过实验的方法加以确定。

向被处理水中投加混凝剂如 $Al_2(SO_4)_3$、$FeCl_3$ 后，生成 Al(Ⅲ)、Fe(Ⅲ)化合物

对胶体颗粒的脱稳效果不仅受投加量、水中胶体颗粒的浓度影响，同时还受水的pH值影响。若pH值过低（小于4），则混凝剂的水解受到限制，其水解产物中高分子多核多羟基物质的含量很少，絮凝作用很差；如水的pH值过高（大于9～10），它们就会出现溶解现象，生成带负电荷的络合离子，也不能很好地发挥絮凝作用。

水温对混凝效果也有明显影响。通常在低温时，絮凝体形成缓慢，絮凝颗粒细小、松散。这主要由于：①混凝剂水解多是吸热反应，水温低时水解速率降低；②低温时水的粘度大，布朗运动减弱，颗粒间的碰撞机率降低，不利于脱稳胶体聚集生成较大的絮凝体。同时，水粘度大时，水流剪切力增大，同样不利于絮凝体的长大；③低温时胶体颗粒的水化作用增强，妨碍胶体凝聚。

在混凝过程中，投加混凝剂，压缩胶体颗粒的双电层，降低zeta电位，是实现胶体脱稳的必要条件，但要进一步使脱稳胶体形成大的絮凝体，关键在于保持颗粒间的相互碰撞。由布朗运动造成的颗粒碰撞絮凝称为“异向絮凝”，由机械运动或液体流动造成的颗粒碰撞絮凝称为“同向絮凝”。异向絮凝只对微小颗粒起作用，当颗粒粒径大于1μm时，布朗运动基本消失。要使较大的颗粒进一步碰撞聚集，还要靠同向絮凝，即靠流体湍动来促使颗粒相互碰撞，因此，水力条件对混凝效果有重大的影响。一般用速度梯度来反映水力条件，速度梯度是指两相邻水层的水流速度差和它们之间的距离之比，用G表示，其数值可用式(5-1)计算

$$G=\sqrt{\frac{P}{\mu V}} \tag{5-1}$$

式中：G——混凝设备的速度梯度，s^{-1}；

P——在混凝设备中水流所耗功率，W；

μ——水的动力粘度，Pa·s；

V——混凝设备的有效容积，m^3。

对于垂直轴式搅拌器，桨板绕轴旋转时克服水的阻力所耗功率P可用式(5-2)计算

$$P=\frac{mC_D\rho}{8}L\omega^3\left(r_2^4-r_1^4\right) \tag{5-2}$$

式中：m——同一旋转半径上桨板数，图5-1中搅拌设备$m=2$；

C_D——阻力系数，取决于桨板宽长比，见表5-1；

ρ——水的密度，kg/m^3；

L——桨板长度，m；

ω——桨板相对于水的旋转角速度，rad/s；

r_2——桨板外缘旋转半径，m；

r_1 ——浆板内缘旋转半径，m。

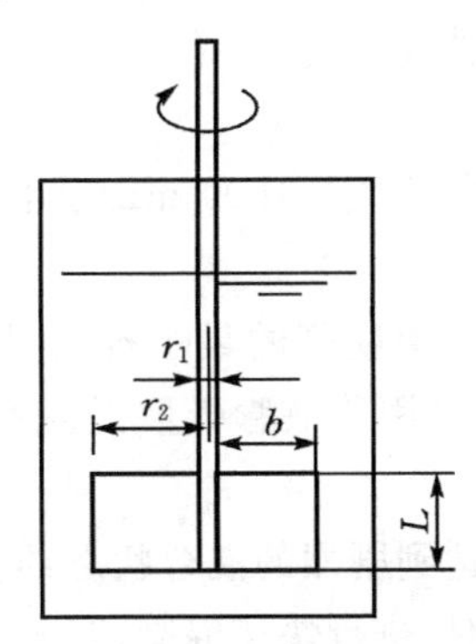

图 5-1　垂直轴搅拌设备示意

表 5-1　阻力系数 C_D

宽长比(b/L)	<1	1～2	2.5～4	4.5～10	10.5～18	>18
C_D	1.10	1.15	1.19	1.29	1.40	2.00

混凝过程的混合和反应阶段对水力条件要求不同，混合阶段要求水和混凝剂快速均匀混合，此阶段所需延续的时间通常要求在10～30 s，最长不超过2 min，一般G值在500～1000 s^{-1}。在反应阶段要求水流具有由强至弱的混合强度，一方面保证脱稳的颗粒间相互碰撞的几率，另一方面防止已形成的絮体因强烈的水力剪切作用而被打破，一般要求混合强度由大变小。通常以G值和GT值作为控制指标，G值一般控制在70～20 s^{-1}，GT值在10^4～10^5之间为宜。

3. 实验装置与设备材料

六联搅拌器、浊度仪、pH计、温度计、烧杯、滴管、移液管、洗耳球等玻璃仪器。调节废水pH值所用的NaOH溶液、HCl溶液；混凝剂 $Al_2(SO_4)_3$(10%)、$FeCl_3$(10%)、聚合氯化铝(PAC)(10%)。

4. 实验步骤

(1)确定最佳混凝剂和最小投药量

①测定原水(高岭土水)的性质，包括水温、pH、浊度。

②确定能形成矾花的最小混凝剂用量。

其方法是：取六联搅拌器配备的三个1500 mL烧杯，向烧杯中各注入1000 mL原水，将其置于搅拌器上。启动搅拌器，使搅拌器处于慢速搅拌状态(50 r·min^{-1})，向三个烧杯中分别投加已配制好的混凝剂10%三氯化铁、10%硫酸铝和10% PAC，逐次增加0.2 mL混凝剂投加量，直至杯中出现矾花为止，此时的混凝剂投加量即为形成矾花的最小投药量。静沉 10 min，观察矾花的形成并判断最佳混凝剂（比较三者中用量最少的那种混凝剂）。

(2)确定最佳投药量

①取 6 个 1500 mL 烧杯分别注入 1000 mL 原水，并依次分别编号，按顺序安放在搅拌器上。

②根据步骤(1)确定的最佳混凝剂的最小投药量，分别按最小投药量的 0.5、1.0、1.5、2.0、3.0、4.0 倍的剂量用移液管吸取混凝剂，移入 6 个与烧杯对应编号的小试管中，备用。

③开启搅拌器，使原水样达到剧烈的混合状态，同时将步骤②中所备的混凝剂一一对应加入烧杯中，开始计时，进行快速混凝(300 r·min^{-1})，1 min 快速混合结束后，调节搅拌器转速至中速，转速约 150 r·min^{-1}，搅拌 5～10 min。最后慢速搅拌，转速为 50 r·min^{-1}，搅拌 10～20 min。在搅拌过程中，观察并记录"矾花"形成的过程、"矾花"外观、大小、密实程度等。

④关闭搅拌器，静置 10 min，用 50 mL 注射器，分别从烧杯中取上清液，立即用浊度仪测定水样浊度，并记录。

⑤分析浊度仪与投加量的关系，找出相应的最佳投加量。

(3)测定最佳的 pH 值范围

①在 6 个 1500 mL 烧杯中分别装入 1000 mL 水样，分别加入 10% HCl 和 10% NaOH，使 6 个烧杯水样 pH 分别为 4，5，6，7，8，9，将水样置于搅拌仪上。

②依据步骤(1)和(2)将最佳混凝剂的最佳投药量装入 6 个小试管中，备用。

③开启搅拌器，同时将小试管内的最佳投药量的混凝剂加入各个水样中，并开始计时。转速约 300 r·min^{-1} 快速搅拌 1 min。调节搅拌器转速至中速，转速约 150 r·min^{-1} 搅拌 5～10 min。最后慢速搅拌，转速为 50 r·min^{-1} 搅拌 10～20 min。

④关闭搅拌器，静置 10 min，用 50 mL 注射器分别从各烧杯中取出上清液，立即用浊度仪测水样的浊度。作出 pH 与出水浊度之间的关系，确定最佳 pH 值。

(4)确定最佳搅拌速度梯度

①分别向 6 个 1500 mL 烧杯装入 1000 mL 水样，依据步骤(3)确定的最佳 pH 值用相同剂量的 10% HCl 或 10% NaOH 调节水样 pH，将水样置于搅拌器上。

②依据步骤(1)和(2)将最佳混凝剂的最佳投药量装入 6 个小试管中，备用。

③分别设置 6 个水样对应搅拌器的搅拌速率，快速搅拌阶段均设置为 300 r·min^{-1}，搅拌时间 1 min；慢速搅拌阶段分别设置为 30 r·min^{-1}、50 r·min^{-1}、70 r·min^{-1}、90 r·min^{-1}、120 r·min^{-1}、150 r·min^{-1}，搅拌时间 20～30 min。开启搅拌器，同时将小试管内的最佳投药量的混凝剂加入各个水样中。

④搅拌结束后关闭搅拌器，静置 10 min，用 50 mL 注射器分别从各烧杯中取出上清液，立即用浊度仪测水样的浊度。作出搅拌速度梯度与出水浊度之间的关系，确定最佳搅拌速度梯度。

【注意事项】

①混凝慢速搅拌和快速搅拌阶段的搅拌速度和搅拌时间可根据实验自行确定。

②在最佳投药量，最佳 pH 值实验中，向各烧杯加药剂时尽可能同时投加，避免因时间间隔较长，各水样加药后反应时间长短相差太大，混凝效果悬殊。

③在最佳 pH 值实验中，用来测定 pH 的水样，仍倒入原烧杯中。

④水样的浊度应取多次测量的平均值。

⑤在测定沉淀水的浊度，用注射针筒抽吸清夜时，不要搅动底部沉淀物，并尽量减少各烧杯的抽吸时间。

5. 数据记录与处理

①原水浊度：__________ 原水 pH：__________

PAC 最小投药量______________ 三氯化铁最小投药量____________

硫酸铝最小投药量______________ 选定最佳的混凝剂______________

②测定最佳混凝剂的最佳投药量。

将混凝剂投加情况记入表 5-2 中，以出水浊度为纵坐标，混凝剂投加量为横坐标，绘制曲线，选出最佳混凝剂投加量。

表 5-2 最佳投药量记录表

水样编号		1	2	3	4	5	6
混凝剂投量/mg·L^{-1}							
矾花形成时间/min							
出水浊度/NTU	1						
	2						
	3						
	平均						

③测定最佳 pH 值范围。

将改变 pH 后混凝情况记入表 5-3 中，以出水浊度为纵坐标，废水 pH 为横坐标，绘制曲线，选出最佳混凝 pH。

表 5-3 最佳 pH 值实验记录表

水样编号		1	2	3	4	5	6
混凝剂投量/mg・L^{-1}							
pH							
出水浊度/NTU	1						
	2						
	3						
	平均						

④测定最佳搅拌速度梯度。

将不同搅拌速度梯度条件下混凝情况记入表 5-4 中，以出水浊度为纵坐标，搅拌速度梯度为横坐标，绘制曲线，选出最佳混凝搅拌速度梯度。

表 5-4 最佳搅拌速度梯度实验记录表

水样编号		1	2	3	4	5	6
混凝剂投量/mg・L^{-1}							
快速搅拌	速度/r・min^{-1}						
	时间/min						
慢速搅拌	速度/r・min^{-1}						
	时间/min						
速度梯度/s^{-1}	快速						
	慢速						
出水浊度/NTU	1						
	2						
	3						
	平均						

6. 思考题

①水样浊度测定中应采取哪些措施避免实验误差？

②为什么混凝剂投加过量时处理效果反而不好？

③本实验与水处理实际情况有哪些差别？如何改进？

实验二　颗粒自由沉淀实验

1. 实验目的

沉淀是水污染控制中用以去除水中杂质的常用方法。沉淀可分为四种基本类型，即自由沉淀、絮凝沉淀、成层沉淀和压缩沉淀。当悬浮物质浓度不高，且颗粒不具有絮凝性或絮凝性较弱时，在沉淀的过程中，可以认为颗粒之间互不碰撞，呈单颗粒状态，各自独立地完成沉淀过程。典型例子是砂粒在沉砂池中的沉淀以及悬浮物浓度较低的污水在初次沉淀池中的沉淀过程。

颗粒自由沉淀实验是研究水中颗粒浓度较低时单颗粒的沉淀规律。一般是通过沉淀柱静沉实验，获取沉淀曲线。它不仅具有理论指导意义，而且也是水处理工程中，某些构筑物如沉砂池、初沉池设计的重要依据。

通过本实验，希望达到下述目的：

①加深理解沉淀的基本概念和颗粒自由沉淀规律；

②掌握颗粒自由沉淀实验的方法，并能对实验数据进行分析、整理，并通过计算绘制出颗粒自由沉淀曲线。

2. 实验原理

在层流状态下，颗粒自由沉淀的沉淀速度符合斯托克斯(Stokes)公式。但是由于水中颗粒的复杂性，颗粒粒径、密度无法准确地测定，因而沉淀效果、特性无法通过公式求得而需要通过静沉实验确定。

自由沉淀时颗粒是等速沉淀，沉淀速度与沉淀高度无关，因此，自由沉淀实验可在一般沉淀柱内进行。考虑到器壁对颗粒沉淀的影响，沉淀柱直径应足够大，一般应使内径 $D>100$ mm。

设在一有效水深为 H 的沉淀柱内进行自由沉淀实验，如图 5-2 所示。实验开始，沉淀时间为 0，此时沉淀柱内悬浮物分布是均匀的，即每个断面上颗粒的数量与粒径的分布相同，悬浮物浓度为 C_0(mg/L)，此时去除率 $E=0$。

实验开始后，在时间为 t_1 时从水深为 H 处取一水样，测出其浓度为 C_1(mg/L)。由于沉速大于 $u_1(=H/t_1)$ 的所有颗粒已沉淀到取样点以下，残余颗粒的沉速必然小于 u_1。这样，具有沉速小于 u_1 的颗粒与全部颗粒的比例为 $p_1=C_1/C_0$。在时间为 $t_2,t_3,\cdots$，时重复上述过程，则具有沉速小于 $u_2,u_3,\cdots$，的颗粒比例 $p_2,p_3,\cdots$，也可求得。将这些数据整理可绘出如图 5-3 所示的曲线。

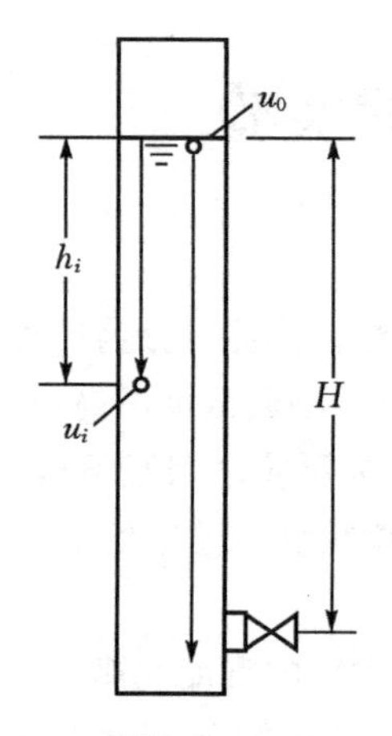

图 5-2　颗粒自由沉淀示意图

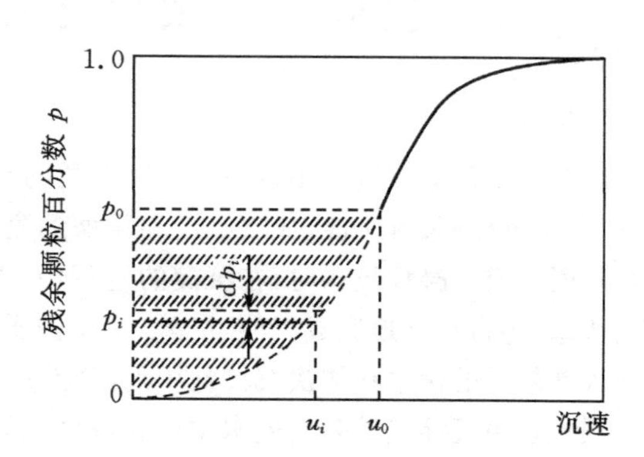

图 5-3　颗粒沉速累计频率分布曲线

对于指定的沉淀时间 t_0 可求得颗粒沉速 u_0，沉速大于 u_0 的颗粒在 t_0 时可全部去除，设 p_0 代表沉速小于 u_0 的颗粒所占百分数，则沉速$\geqslant u_0$ 的颗粒去除的百分率可用$(1-p_0)$表示。而沉速小于 u_0 的颗粒能否去除取决于其在水中的高度，只有距取样口高度低于 $h_i(=u_it_0)$ 的颗粒可以去除，也即在 t_0 时水中沉速为 u_i 的颗粒的去除率为 h_i/H。因此，颗粒的总去除率为

$$E=(1-p_0)+\int_0^{p_0}\frac{h_i}{H}\mathrm{d}p \tag{5-3}$$

由于

$$\frac{h_i}{H}=\frac{u_it_0}{u_0t_0}=\frac{u_i}{u_0} \tag{5-4}$$

将式(5-4)代入式(5-3)可得

$$E=(1-p_0)+\frac{1}{u_0}\int_0^{p_0}u_i\mathrm{d}p \tag{5-5}$$

式(5-5)中积分部分可根据沉淀实验曲线用图解积分法计算，即图 5-3 中的阴影部分。根据式(5-5)可以得到图 5-4 和图 5-5 所示沉淀特性曲线。

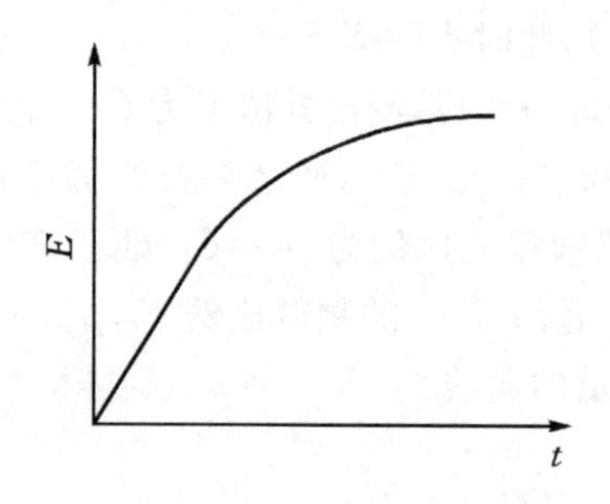

图 5-4　沉淀时间与总去除率关系曲线

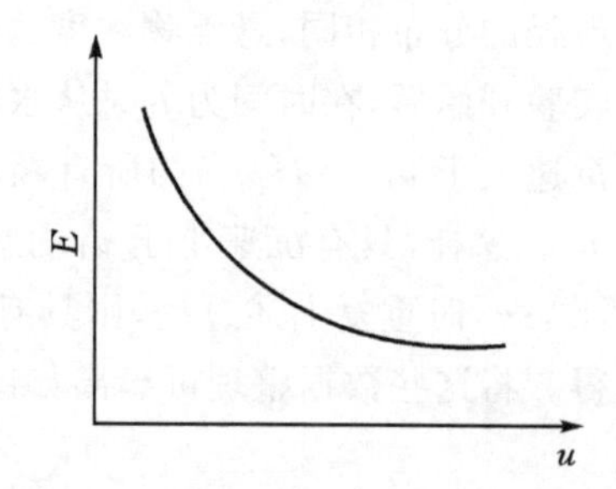

图 5-5　颗粒沉速与总去除率关系曲线

此外，还有另外一种确定沉淀特性曲线的方法。在 $t=0$，沉淀柱内任何一点的悬浮物分布是均匀一致的。随着沉淀时间的增加，由于不同沉速颗粒的下沉距离不同，因此沉淀柱中悬浮物浓度不再均匀，其浓度随水深而增加。经过沉淀时间 t 后，如果将沉淀柱中有效水深内的水样全部取出，测出其剩余的悬浮物浓度 C，可以计算出沉淀效率

$$E=\frac{C_0-C}{C_0}\times 100\% \tag{5-6}$$

但由于这样做实验工作量太大，通常可以从有效水深的上、中、下部取相等体积的水样混合后求出有效水深内的平均悬浮物浓度。或者，为了简化，可以假设悬浮物浓度沿深度呈直线变化。因此，可以将取样口设在 $H/2$ 处，则该处水样的悬浮物浓度可近似地代表整个有效水深内的平均浓度。由此计算出沉淀时间为 t 时的沉淀效率。

依此类推，在不同沉淀时间 $t_1,t_2,t_3,\cdots$，分别从中部取样测出悬浮物浓度 C_1，$C_2,C_3,\cdots$，并同时测量水深的变化 $H_1,H_2,H_3,\cdots$，(如沉淀柱直径足够大，则 H_1，$H_2,H_3,\cdots$，相差很小)，可计算出 $u_1,u_2,u_3,\cdots$，再绘制出沉淀特性曲线。这种采用中部取样的方法得出的沉淀特性曲线，与采用第一种实验方法用式(5-5)计算得出的沉淀特性曲线是很相近的。

3. 实验装置与设备

有机玻璃管沉淀柱一根，内径 $D=100$ mm，高 1500 mm。沉降柱上设溢流管、

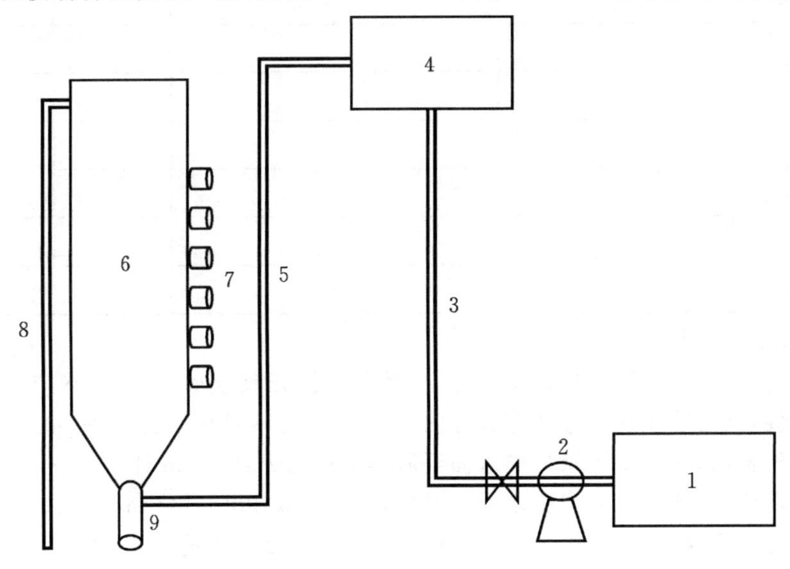

图 5-6　颗粒自由沉淀实验装置

1—溶液调配箱；2—水泵；3—水泵输水管；4—高位水箱；5—沉淀柱进水管；6—沉淀柱；7—取样口；8—溢流管；9—放空管

取样管、进水及放空管。配水及投配系统包括进水池、搅拌装置、水泵等，如图 5-6 所示。计量水深用标尺、计时用秒表或手表。取样用玻璃烧杯、玻璃棒等。悬浮物定量分析所需的定量滤纸、抽滤装置、烘箱、干燥器、分析天平。水样可用人工配制的硅藻土水样或实际废水。

4. 实验步骤

①将实验用水倒入溶液调配箱内，开启搅拌，待水箱内水质均匀后，从水箱内取样，测定悬浮物浓度，此即为 C_0 值。

②开启水泵，水经配水管进入沉淀柱内，当水上升到溢流口并流出后，关闭进水阀、停泵。记录时间，沉淀实验开始。

③隔 5、10、20、30、60、120 min 由取样口取样，同时记录沉淀柱内液面高度。

④观察悬浮颗粒沉淀特点、现象。

⑤测定水样悬浮物含量。

⑥实验记录用表，如表 5-5 所示。

表 5-5　颗粒自由沉淀实验记录

沉淀时间 /min	滤纸质量 /g	取样体积 /mL	滤纸＋SS 质量 /g	水样 SS 质量 /g	C /mg·l^{-1}	工作水深 /cm
0						
5						
10						
20						
30						
60						
120						

【注意事项】

①向沉淀柱内进水时，速度要适中，既要较快完成进水，以防进水中一些较重颗粒沉淀，又要防止速度过快造成柱内水体紊动，影响静沉实验效果。

②取样前，一定要记录柱中水面至取样口距离 H_0（以 cm 计）。

③取样时，先排除管中积水而后取样，每次约取 300～400 mL。

④测定悬浮物浓度时，为避免颗粒在烧杯中沉淀产生的影响，可将水样全部过滤，并用蒸馏水多次冲洗烧杯后过滤保证悬浮物完全转移到滤纸上。

5. 数据纪录与处理

①实验基本参数整理。

实验日期：　　　　　　　　　　水样性质及来源：

沉淀柱直径 $D=$ ____mm　　　　柱高 $H=$ ____mm

水温：____ ℃　　　　　　　　原水悬浮物浓度 $C_0=$ ____$(mg \cdot L^{-1})$

绘制沉淀柱草图及管路连接图。

②实验数据整理。

将实验原始数据按表 5-6 整理，以备计算分析之用。

表中不同沉淀时间 t_i时，沉淀柱内未被去除的悬浮物的百分比及颗粒沉速分别按下式计算，未被去除悬浮物的百分比

$$p_i = \frac{C_i}{C_0} \times 100\% \tag{5-7}$$

式中：C_0——原水中 SS 浓度值，$mg \cdot L^{-1}$；

C_i——沉淀时间 t_i后，水样中 SS 浓度值，$mg \cdot L^{-1}$。

相应颗粒沉速

$$u_i = \frac{H_i}{t_i} \tag{5-8}$$

表 5-6　实验原始数据整理表

沉淀时间/min	0	5	10	20	30	60	120
沉淀高度/cm							
实测水样 SS/$mg \cdot L^{-1}$							
计算用 SS/$mg \cdot L^{-1}$							
未被去除颗粒百分比 p_i							
颗粒沉速 u_i/$mm \cdot s^{-1}$							

③以颗粒沉速 u 为横坐标，以 p 为纵坐标，绘制 $p-u$ 关系曲线。

④参考图 5-7，利用图解积分法列表（见表 5-7）计算不同沉速时，悬浮物的总去除率。

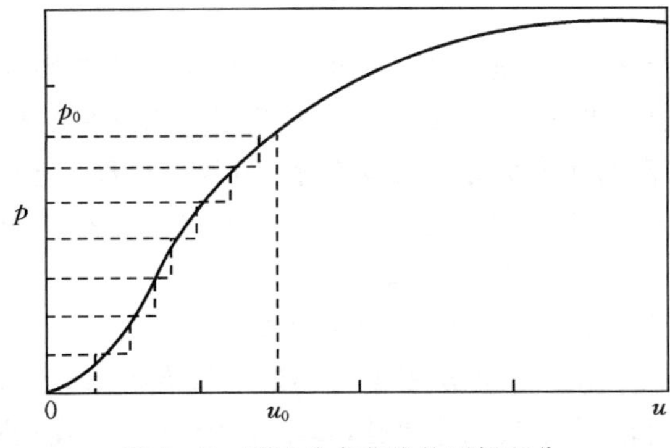

图 5-7　沉速分布曲线的图解积分

表 5-7 悬浮物去除率 E 的计算

u_0	p_0	$1-p_0$	Δp	u	$\frac{\sum u\Delta p}{u_0}$	$E=(1-p_0)+\frac{\sum u\Delta p}{u_0}$

⑤据上述结果，以 E 为纵坐标，分别以 u 及 t 为横坐标，绘制 $E-u$，$E-t$ 关系曲线。

6. 思考题

①若沉淀柱直径较小，会对实验结果产生哪些影响？

②从沉淀柱取样时，应注意哪些问题以减少取样误差？

③理论上说，底部取样和中部取样哪种方式结果更可靠？

实验三　压力溶气气浮实验

1. 实验目的

气浮法是一种有效的固-液和液-液分离方法，对于那些颗粒密度接近或小于水的非常细小的颗粒，更具有特殊的优点。在用于去除低密度悬浮固体方面，其优越性表现在具有较高的水力负荷与固体负荷。气浮法处理工艺能迅速启动并能在启动后 45 min 内达到稳定状态。当用于活性污泥浓缩工艺中，其浮渣的含水率一般为 96%左右，比重力浓缩要好得多。

根据制取微细气泡的方法不同，气浮法水处理技术主要分为电解气浮法、散气气浮法和溶气气浮法。溶气气浮法根据气浮池中气泡析出时所处的压力不同，又分为溶气真空气浮和压力溶气气浮两类，其中压力溶气气浮法是使用得最为广泛的一种有效方法。

由于悬浮颗粒的性质和浓度、微气泡的数量和直径等多种因素都对气浮效率有影响,因此,气浮处理系统的设计运行参数常要通过实验确定。通过本实验希望达到下述目的:

①了解气浮实验系统及设备,学习该系统的运行方法;

②通过气浮法去除造纸废水中悬浮物及COD的实验,加深理解气浮净水的原理;

③求出不同表面负荷(反应及分离停留时间)时的处理效率并进行比较和评价。

2. 实验原理

根据加压水(即溶气用水)的来源和数量,压力溶气气浮有全部进水加压、部分进水加压和部分回流水加压三种基本流程。部分回流水加压,是从处理后的净化水中抽出10%~30%作为溶气用水,而全部原水都进行混凝处理后进行气浮。这种流程不仅能耗低,混凝剂利用充分,而且操作较为稳定,因而应用最为普遍。图5-8是部分回流水加压溶气气浮系统。

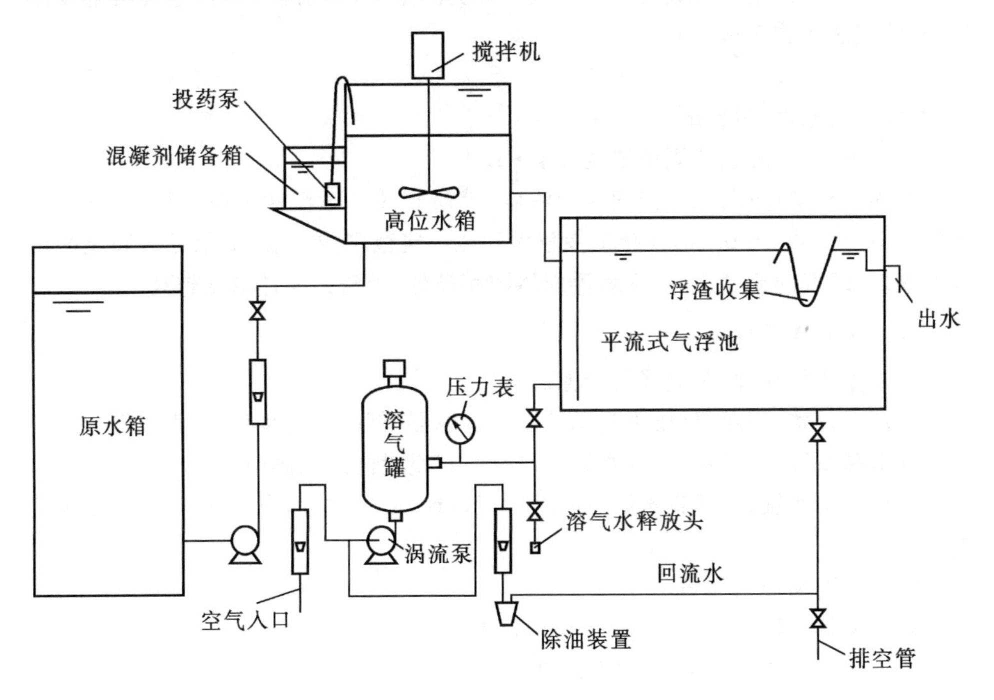

图5-8 部分回流水加压溶气气浮工艺流程图

回流水由涡流泵升压至0.2～0.4 MPa(表压)，与压力管通入的压缩空气一起进入溶气罐内，并停留2～4 min，使空气溶于水。然后使经过溶气的水通过减压阀进入气浮池，此时由于压力突然降低，溶解于污水中的空气便以微气泡形式从水中释放出来。微细的气泡在上升的过程中附着于悬浮颗粒上，使颗粒密度降低，上浮到气浮池表面与液体分离。粘附于悬浮颗粒上气泡越多，颗粒与水的密度差就越大，悬浮颗粒的特征直径也越大，两者都使悬浮颗粒上浮速度增快，提高固液分离的效果。水中悬浮颗粒浓度越高，气浮时需要的微细气泡数量越多，通常以气固比表示单位重量悬浮颗粒需要的空气量。气固比可按式(5－9)计算

$$\alpha=\frac{A}{S}=\frac{\rho Q_r C_a(fP-1)}{QC_s} \tag{5-9}$$

式中：A——减压至1atm时释放的空气量，$g \cdot d^{-1}$；

S——悬浮固体干重，$g \cdot d^{-1}$；

ρ——空气密度，$g \cdot L^{-1}$；

Q_r——加压水回流量，$m^3 \cdot d^{-1}$；

C_a——1atm操作温度下水中空气的溶解度，$mL \cdot L^{-1}$；

f——加压溶气系统的溶气效率，为实际空气溶解度与理论空气溶解度之比，与溶气罐形式等因素有关；

P——溶气绝对压力，atm；

Q——原水水量，$m^3 \cdot d^{-1}$；

C_s——原水的悬浮固体浓度，$mg \cdot L^{-1}$。

气固比与操作压力、悬浮固体的浓度、性质有关。对活性污泥进行气浮时，气固比一般为0.005～0.06，变化范围较大。在一定范围内，气浮效果随气固比的增大而变好，即气固比越大，出水悬浮固体浓度越低，浮渣的固体浓度越高。

3. 实验装置与设备

①平流式气浮池、竖流式气浮池。

②加气设备：空压机(压力自动控制)、过滤器、阀门及流量计、压力表等。

③水源系统：包括水泵、配水箱、流量计、定量投药瓶及阀门等。

④溶气水系统：包括集水箱、加压泵、流量计、溶气罐、压力表、阀门及减压释放器等。

⑤排水管及排渣槽等。

⑥测定悬浮物、pH和COD等所用仪器设备。

加压溶气气浮实验系统如图5－8所示。

4. 实验步骤

①在原水箱中加原纸浆(或浓污水)，用自来水配成所需水样(悬浮物约为100

mg·L^{-1})。同时在投药瓶中配好混凝剂(1%的硫酸铝溶液)。

②将气浮池及溶气水箱中充满自来水待用。

③开启空压机使压力达到0.35MPa以上(可自动启停)时,打开进气阀门,然后开启回流水增压水泵,使压力水与空气混合后进入溶气罐,按一定的回流比调节流量,并控制溶气罐水位在罐中4/5以上。待溶气罐内压力达0.26MPa时,打开释放器前阀门排出溶气水。调节溶气水流量和空气流量使溶气罐内水位和气压稳定。

④静态气浮实验确定最佳投药量。

取5个1000mL量筒,加入750mL原水样,按投药量20,40,60,80,100 mg·L^{-1}加入混凝剂(1%的硫酸铝溶液),快速搅拌1 min,慢速搅拌3 min,快速通入溶气水至1000mL,静置10 min,观察实验现象,确定最佳投药量。

⑤原水用泵混合后通入气浮池,根据步骤④确定的最佳投药量投药,调节排水量使气浮池水位稳定,保证进出水平衡。

⑥根据气浮池容积及进水流量计算水力停留时间,待系统稳定运行后取进出水样测定悬浮物、COD及pH值。

5. 数据记录与处理

①记录实验操作条件。

原污水流量______L·h^{-1}　回流水流量______ L·h^{-1}　回流比______

空气流量______L·h^{-1}　溶气罐压力______MPa

混凝剂流量______L·h^{-1}　混凝剂投加量______mg·L^{-1}

将气浮实验结果记入表5-8中。

表5-8　造纸废水气浮处理实验结果

	原水	出水	去除率/%
SS /mg·L^{-1}			
COD /mg·L^{-1}			
pH			—

②计算气浮池反应段和分离段各自的容积、水力停留时间及表面负荷。

③评价实验结果。

6. 思考题

①气浮实验中为什么要添加混凝剂?

②部分回流水压力溶气气浮与全溶气气浮、部分水溶气气浮相比各有什么优缺点?

③实验中如何保证产生的气泡小且均匀？

实验四 过滤实验

1. 实验目的

过滤是利用有孔隙的物料层截留水中杂质从而使水得到澄清的工艺过程。过滤是一种固液分离的单元操作，常用的过滤方式有砂滤、硅藻土涂膜过滤、金属丝编织物过滤，还有近几年发展较快的纤维过滤等。过滤不仅可以去除水中细小的悬浮颗粒，而且细菌、病毒及有机物也会随浊度的降低而被去除。本实验采用石英砂作为滤料，进行过滤实验及反冲洗实验。

通过本实验，希望达到下述目的：

①掌握清洁滤料层过滤时水头损失的变化规律及其计算方法；

②深入理解滤速对出水水质的影响；

③掌握反冲洗方法，深入理解反冲洗强度与滤料层膨胀高度间的关系。

2. 实验原理

过滤是水中悬浮颗粒与滤料间相互作用的结果，涉及到迁移、粘附、脱离等过程。当水中的悬浮颗粒迁移到滤料表面上时，在范德华力和静电力以及某些化学键和特殊的物理化学吸附的作用下，悬浮颗粒附着在滤料的表面。此外，某些絮凝颗粒的架桥作用也同时存在。经研究表明，过滤主要通过迁移和吸附两个过程来去除水中的杂质，而悬浮颗粒从滤料表面的脱离是其逆过程。

在过滤过程中，影响过滤的主要因素有：①水质、水温以及悬浮颗粒的表面性质、尺寸和强度；②滤料滤径、形状、孔隙率、滤层级配和厚度以及滤层的水头损失；③此外，过滤器的结构（如V型滤池、虹吸滤池等）也影响到过滤过程。

在过滤过程中，随着过滤时间的增加，滤层中截留杂质的量也会随之不断增加，这就必然导致过滤过程水力条件的改变。在进水水质一定，水头损失不变的情况下，孔隙率的减小必然引起滤速的减小；反之，在滤速保持不变时，必然引起水头损失的增加。就整个滤料层而言，上层滤料截污量多，下层截污量小，因此水头损失的增值也由上而下逐渐减小。当水头损失升至一定程度时，滤池产水量锐减，或由于滤后水质不符合要求，滤池必须停止过滤，进行反冲洗。反冲洗的目的是清除滤层中的污物，使滤池恢复过滤能力。反冲洗时，滤料层发生膨胀，截留于滤层的污物在滤层孔隙中水流剪切力以及滤料颗粒碰撞摩擦的作用下，从滤料表面脱落下来，然后被冲洗水带出滤池。

反冲洗的方法多种多样。当采用单独水冲洗方法时，随着反冲洗强度的增加，可使滤料层处于完全膨胀、流化的状态。滤料层的膨胀高度与反冲洗所需的时间、反冲洗强度及用水量都有密切的关系。冲洗流速小，水流剪切力小；而冲洗流速较大时，滤层膨胀度大，滤层孔隙中水流剪切力又会降低，因此，冲洗流速应控制在适当的范围。高速水流反冲洗是最常用的一种形式，反冲洗效果通常由滤床膨胀率来控制。根据运行经验，冲洗排水浊度降至10～20度以下可停止冲洗。

在研究过滤过程的有关问题时，常常涉及到孔隙率的概念，其计算方法为

$$m=\frac{V_n}{V}=\frac{V-V_c}{V}=1-\frac{V_c}{V}=1-\frac{G}{V} \tag{5-10}$$

式中：m ——滤料孔隙率(度)，%；

V_n——滤料层孔隙体积，cm^3；

V ——滤料层体积，cm^3；

V_c——滤料层中滤料所占体积，cm^3；

G ——滤料重量(在105 ℃下烘干)，g；

γ ——滤料密度，$g \cdot cm^{-3}$。

根据滤料层膨胀前后的厚度便可求出膨胀度(率)

$$e=\frac{L-L_0}{L_0}\times 100\% \tag{5-11}$$

式中：L ——砂层膨胀后厚度，cm；

L_0——砂层膨胀前厚度，cm。

膨胀度e值的大小直接影响了反冲洗效果。而反冲洗强度的大小决定了滤料的膨胀度。反冲洗强度可按下列公式计算

$$q=100\,\frac{d_e^{1.31}}{\mu^{0.54}}\cdot\frac{(e+m_0)^{2.31}}{(1+e)^{1.77}(1-m_0)^{0.54}} \tag{5-12}$$

式中：q ——冲洗强度，$L \cdot s^{-1} \cdot m^{-2}$；

d_e——滤料的当量粒径，cm；

μ ——动力粘度，Pa·s；

e ——膨胀率，用小数表示；

m_0——滤层原来的孔隙率，用小数表示。

滤料的当量直径d_e可用下式计算

$$d_e=\frac{1}{\sum_{i=1}^{n}\frac{p_i}{d_i}}=\frac{1}{\sum_{i=1}^{n}\frac{p_i}{\frac{d_{i1}+d_{i2}}{2}}} \tag{5-13}$$

式中：d_{i1}、d_{i2}——相邻两层滤料粒径，cm；

p_i——d_i粒径的滤料占全部滤料的比例。

例如，以滤料粒径 d 为横坐标，以所占的比例为纵坐标作累积曲线，把此累积曲线分成 n 段，每段曲线所对应的粒径为 d_{i1} 和 d_{i2} ，对应的纵坐标为 p_{i1} ，p_{i2} 。则 $d_i = \dfrac{d_{i1} + d_{i2}}{2}$ ，$p_i = p_{i2} - p_{i1}$ 。把 n 个 $\dfrac{p_i}{d_i}$ 相加，便求出 d_e 值。

对于不均匀滤料的水头损失计算式为

$$H = \frac{K}{g}\nu \frac{(1-m)^2}{m^3} Lv \left(\frac{6}{\varphi}\right)^2 \sum_{i=1}^{n} (p_i / d_i^2) + \frac{1.75}{g} \cdot \frac{(1-m)}{m^3} \sum_{i=1}^{n} \left(\frac{p_i}{\varphi d_i}\right) Lv^2 \tag{5-14}$$

式中：K ——无因次数，通常取 $K = 4 \sim 5$ ；

v ——过滤滤速，$cm \cdot s^{-1}$；

L ——滤层厚度，cm；

ν ——水的运动粘滞系数，$cm^2 \cdot s^{-1}$；

φ ——滤料颗粒球形度系数，可取 0.80 左右。

第一项属于粘滞项，第二项为动力项，根据滤速的大小不同，各项值所占的比例不同。

3. 实验装置与设备

本实验所需实验仪器有标准筛、量筒（1000 mL、100 mL）、容量瓶、比重瓶、干燥器、钢尺和温度计等。实验装置如图 5－9 所示。过滤水和反冲水来自高位水箱。

4. 实验步骤

(1)滤料筛分和孔隙度测定步骤

①称取滤料砂 500 g 洗净后于 105 ℃恒温箱中烘干 1 小时，放在干燥器内，待冷却后称取 300 g。

②用孔径为 0.2～2.0 mm 的一组筛子过筛，称出留在各筛号上的砂重。

③分别称取孔径为 0.5 mm、0.8 mm、1.2 mm 筛号上的砂子各 20 g，置于 105 ℃恒温箱中烘干 1 小时，放干燥器内冷却。

④称取步骤③处理后滤料各 10 g，用 100 mL 量筒测出各自的堆积体积 V 。

⑤用带有刻度的容量瓶测出各滤料实际体积 V_0 用于计算滤料密度。

(2)清洁砂层过滤水头损失实验步骤

①开启阀门 6 冲洗滤层 1 min。

②关闭阀门 6，开启阀门 5、7 快滤 5 分钟使砂面保持稳定。

③调节阀门 5、7，使出水流量约 8～10 $mL \cdot s^{-1}$（即相当于 d=100 mm 过滤柱中滤速约 4 $m \cdot h^{-1}$），待测压管中水位稳定后，记下滤柱最高最低两根测压管中水位值。

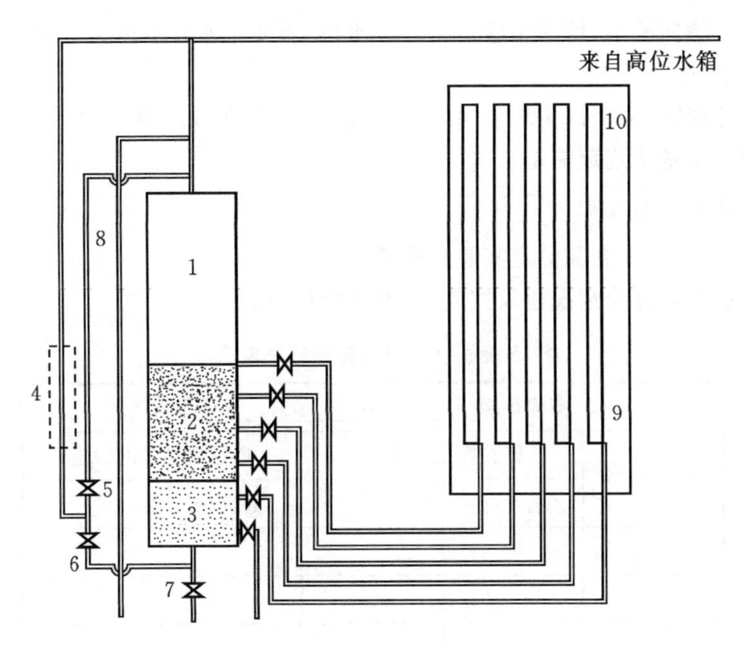

图 5-9　过滤实验装置

1—过滤柱；2—滤料层；3—承托层；4—转子流量计；5—过滤进水阀门；6—反冲洗进水阀门；7—过滤出水阀门；8—反冲洗出水管；9—测压板；10—测压管

④增大过滤水量、使过滤流量依次为 13、17、21、26 $mL \cdot s^{-1}$左右，最后一次流量控制在 60～70 $mL \cdot s^{-1}$，分别测出滤柱最高最低两根测压管中水位值。

⑤量出滤层厚度 L。

(3)滤层反冲洗实验步骤

①量出滤层厚度 L_0，关闭阀门 5 和 7，慢慢开启反冲洗进水阀门 6，使滤料刚刚膨胀起来，待滤层表面稳定后，记录反冲洗流量和滤层膨胀后的厚度 L。

②调节反冲洗阀门 6，变化反冲洗流量。按步骤①测出反冲洗流量和滤层膨胀后的厚度 L。

③改变反冲洗流量 6～8 次，直至最后一次砂层膨胀率达 100%为止。测出反冲洗流量和滤层膨胀后的厚度 L。

【注意事项】

①用筛子筛分滤料时不要用力拍打筛子，只在过筛结束时轻轻拍打一次，筛孔中的滤料即会脱离筛孔。

②反冲洗滤柱中的滤料时，不要使进水阀门开启度过大，应缓慢打开以防滤料冲出柱外。

③在过滤实验前，滤层中应保持一定水位，不要把水放空以免过滤实验时测压管中积存空气。

④反冲洗时，为了准确地量出砂层厚度，一定要在砂面稳定后再测量，并在每一个反冲洗流量下连续测量三次。

5. 数据纪录与处理

(1)滤料筛分和孔隙测定实验数据整理

①根据砂滤筛分情况建议按表 5-9 进行记录。

表 5-9 滤料筛分记录表

实验日期______年_____月_____日				
筛孔/mm	留在筛上的砂量		通过该筛号的砂量	
	重量/g	%	重量/g	%

②根据表 5-9 所列数据，取 $d_{10}=0.4$，$d_{80}=1.2$，绘出滤料筛分曲线。并求出原滤料筛除的百分比。

③根据粒径 0.5、0.8、1.2 mm 滤料重量、体积、密度分别求出它们的孔隙度 m 值。

(2)清洁砂层过滤水头损失实验数据整理

①按照滤柱内所装滤料情况填表 5-10。

表 5-10 滤料粒径计算表

当量粒径 d_e / cm	d_i /cm	d_i^2 / cm^2	p_i	$\frac{p_i}{d_i}$	$\frac{p_i}{d_i^2}$	备注
$\sum p_i=100\%$		$\sum(p_i/d_i)=$		$\sum(p_i/d_i^2)=$		

②将过滤时所测流量、测压管水头填入表 5-11。

③根表 5-11 中第 4 列和第 7 列数据绘出水头损失 H 与流速 v 关系曲线。

④根据表 5-10、表 5-11 及滤料筛分和孔隙度测定实验数据，代入式

(5 - 14)，求出水头损失理论计算值。

⑤比较过滤水头损失理论计算值和实测值的误差。记入表 5 - 12 第 9 列中。

表 5 - 11　清洁砂层水头损失实验记录表

序号	流量 Q/mL·s^{-1}	滤速		实测水头损失			水头损失理论计算值 H/cm	误差 $\frac{h-H}{h}$ /%	备注
		Q/A /cm·s^{-1}	$36Q/A$ /m·h^{-1}	测压管水头/cm		$h=h_b-h_a$			
				h_b	h_a				
1	2	3	4	5	6	7	8	9	10
1									
2									
3									
4									
5									
6									
7									
8									

注：h_b：最高测压管水位值；h_a：最低测压管水位值。

(3)滤层反冲洗实验数据整理

①按照反冲洗流量变化情况、膨胀后砂层厚度填表 5 - 12。

表 5 - 12　滤层反冲洗实验记录表

序号	测定次数	反冲洗流量/mL·s^{-1}	反冲洗强度/cm·s^{-1}	膨胀后砂层厚度 L /cm	砂层膨胀度 $e=\frac{L-L_0}{L_0}\%$	砂层膨胀度理论计算值 e'	误差 $\frac{e-e'}{e'}$ %
1	2	3	4	5	6	7	8
1	1						
	2						
	3						
	平均						

反冲洗前滤层厚度 L_0 =　　　　　(cm)

②按照式(5 - 11)求出滤层膨胀度 e' 记入表 5 - 12 中。

③根据实测砂层膨胀度 e 和理论计算值 e' 计算出膨胀度误差。

实验五　曝气设备充氧性能实验

1. 实验目的

在活性污泥法系统中，曝气的作用是向液相供给溶解氧，并起搅拌和混合作用。根据活性污泥法的基本理论，向废水供给溶解氧是必需的操作，而搅拌混合则可促使活性污泥处于悬浮状态，有利于污泥固体、污染物和溶解氧更有效地接触。曝气过程消耗大量电能，在二级生物处理厂(站)中，曝气充氧电耗常常占到全厂动力消耗的50%以上，因而了解掌握曝气设备充氧性能，以及不同污水充氧修正系数α和β值及其测定方法，对工程设计人员和污水处理厂(站)运行管理人员都至关重要。

通过本实验希望达到下述目的：

①加深理解曝气充氧的机理及影响因素；

②了解掌握曝气设备清水充氧性能测定的方法；

③测定几种不同形式的曝气设备氧的总转移系数、氧利用率、动力效率等，并进行比较。

2. 实验原理

曝气是人为地通过一些设备加速向水中传递氧的过程，常用的曝气设备分为机械曝气与鼓风曝气两大类，无论哪一种曝气设备，其充氧过程均属传质过程，氧传递过程可以用双膜理论来解释。该理论认为，当气水两相作相对运动时，气水两相接触面(界面)的两侧分别存在着气体边界层(气膜)和水边界层(水膜)，如图5-10所示。氧在气相主体内以对流扩散方式到达气膜，以分子扩散通过气膜，氧气溶解到水中后以分子扩散方式通过液膜，最后以对流扩散方式转移到水相主体。由于对流扩散的阻力比分子扩散的阻力小得多，所以氧的转移阻力集中在双膜上。

在氧向水中传递的过程中，阻力主要来自液膜，根据Fick第一扩散定律和双膜理论，可以得出氧传递方程式

$$\frac{\mathrm{d}c}{\mathrm{d}t}=\frac{D_{\mathrm{L}}A}{X_{\mathrm{f}}V}(C_{\mathrm{s}}-C_{t}) \tag{5-15}$$

式中：$\frac{\mathrm{d}c}{\mathrm{d}t}$——水中溶解氧浓度变化速率，$\mathrm{mg\cdot L^{-1}\cdot h^{-1}}$；

D_{L}——氧分子在液膜中的扩散系数，$\mathrm{m^2\cdot h^{-1}}$；

A——气液两相接触界面面积，$\mathrm{m^2}$；

X_{f}——液膜厚度，m；

V——液相主体的容积，$\mathrm{m^3}$；

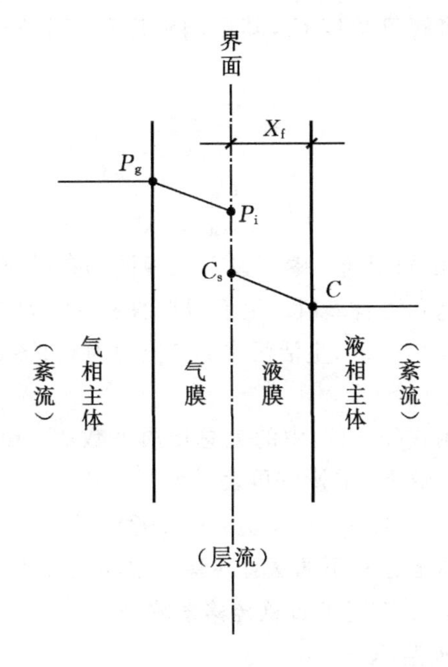

图 5-10　双膜理论模型

C_s ——水中饱和溶解氧，mg·L^{-1}；

C_t ——t 时刻水中实际溶解氧，mg·L^{-1}；

C_s-C_t——液膜两侧溶解氧浓度差，即氧传质推动力，mg·L^{-1}。

式(5-15)中，气液两相接触界面面积 A 和液膜厚度 X_f 都难于计量，故用氧总转移系数 K_{La} 代替

$$K_{La}=\frac{D_L A}{X_f V} \tag{5-16}$$

则式(5-15)可整理为

$$\frac{dc}{dt}=K_{La}(C_s-C_t) \tag{5-17}$$

将式(5-17)积分可求得：

$$K_{La}t=\ln\frac{C_s-C_0}{C_s-C_t} \tag{5-18}$$

式中：t——曝气时间，h；

C_0——曝气池内初始溶解氧含量，mg·L^{-1}。

在活性污泥法中，空气在混合液中扩散供氧给微生物，污水水质、水温和气压都会对氧传质产生影响。

污水水质由于含有盐分、表面活性剂等，会同时影响式(5-17)中的氧总传质

系数 K_{La} 和水中饱和溶解氧浓度 C_s，其影响程度可以分别用修正系数 α 和 β 来表示。

$$\alpha = \frac{K_{La(污水)}}{K_{La(清水)}} \tag{5-19}$$

$$\beta = \frac{C_{s(污水)}}{C_{s(清水)}} \tag{5-20}$$

测定 α 和 β 时，应该采用同一曝气设备在相同的条件下测定清水和污水中充氧的氧总转移系数和饱和溶解氧值。生活污水的 α 值约为 0.4～0.5，城市污水处理厂出水的 α 值约为 0.9～1.0；生活污水的 β 值约为 0.9～0.95，曝气池混合液的 β 值约为 0.9～0.97。

水温也会同时影响式(5－17)中的氧总传质系数 K_{La} 和水中饱和溶解氧浓度 C_s。水温对氧总传质系数 K_{La} 的影响可表示为

$$K_{La(T)} = K_{La(20)} \cdot 1.024^{(T-20)} \tag{5-21}$$

式中：$K_{La(T)}$——实验水温条件下的氧总转移系数，h^{-1}；

$K_{La(20)}$——水温为 20℃时的氧总转移系数，h^{-1}；

T——实验时的水温，℃；

水温对水中饱和溶解氧浓度 C_s 的影响可以通过查表获得。

除了水质和水温，实验时的气压会通过影响水中饱和溶解氧而影响氧的转移，气压对饱和溶解氧的影响为

$$C_{s(T)} = \frac{p}{1.01325 \times 10^5} C_{s(760,T)} = \rho C_{s(760,T)} \tag{5-22}$$

式中：$C_{s(T)}$——实验水温条件下清水的饱和溶解氧，$mg \cdot L^{-1}$；

p——实验时大气压力，Pa；

$C_{s(760,T)}$——1 标准大气压、实验温度条件下水中饱和溶解氧，$mg \cdot L^{-1}$；

ρ——气压修正系数，无量纲。

将式(5－22)代入式(5－19)，可得

$$\frac{dc}{dt} = \alpha K_{La(20)} \cdot 1.024^{(T-20)} \cdot (\beta \rho C_{s(760,T)} - C_t) \tag{5-23}$$

当采用表面曝气时，可以直接运用式(5－23)，不需考虑水深的影响。采用鼓风曝气时，空气扩散器常放置于近池底处，由于氧的溶解度受到进入曝气池的空气中氧分压的增大和气泡上升过程氧被吸收分压减少的影响，计算溶解氧饱和值时应考虑水深的影响，一般以扩散器至水面二分之一距离处的溶解氧饱和浓度作为计算依据，可按以下公式计算

$$C_{s(T)} = C_{s(760,T)} \left(\frac{p_b}{2.026 \times 10^5} + \frac{O_t}{42}\right) \tag{5-24}$$

式中：p_b——曝气设备空气出口处的绝对压力，Pa；$p_b = p + 9.8H$ ； (5-25)

H——曝气设备以上的水深，m；

O_t——气泡上升到水面时的含氧比例，%；$O_t = \frac{21 \times (1 - E_A)}{79 + 21 \times (1 - E_A)} \times 100\%$

(5-26)

E_A——曝气设备的氧转移效率，与曝气设备本身性能有关，以小数表示。

曝气设备充氧性能测定一般有两种实验方法，一种是间歇非稳态法，即实验时池内水不进不出，池内溶解氧随时间而变；另一种是连续稳态测定法，即实验时池内连续进出水，池内溶解氧浓度保持不变。目前国内外多用间歇非稳态测定法，即向池内注满所需水后，将待曝气的水以无水亚硫酸钠为脱氧剂，氯化钴为催化剂，脱氧至零后开始曝气，液体中溶解氧浓度逐步提高。液体中溶解氧浓度 C 是时间 t 的函数，曝气后每隔一定时间 t 取曝气水样，测定水中溶解氧浓度，从而利用式(5-18)计算 K_{La}值，或是以氧传质推动力 $\lg(C_s - C_t)$为纵坐标，时间为横坐标作图，根据直线斜率可求得 K_{La}值。计算 K_{La}值时要根据实验状况和曝气设备合理选用式(5-19)～式(5-26)中部分公式对涉及到的参数进行修正。

根据 K_{La}值可以计算曝气设备的充氧能力，即氧转移速率，该参数反映曝气设备在单位时间内向单位液体中充入的氧量，可用下式计算

$$R_0 = K_{La(20)} \cdot C_{s(20)} \tag{5-27}$$

式中：R_0——氧转移速率，$kgO_2 \cdot m^{-3} \cdot h^{-1}$；

$C_{s(20)}$——1 标准大气下，20℃时水中饱和溶解氧，数值为 $9.17 mg \cdot L^{-1}$。

根据氧转移速率可以计算曝气设备的充氧动力效率，该参数是指曝气设备每消耗一度电时转移到液体中的氧量。由此可见，动力效率将曝气供氧与所消耗的动力联系在一起，是一个反映经济价值的指标，它的高低将影响到活性污泥处理厂(站)的运行费用。

$$E_P = \frac{R_0 \cdot V}{N} \tag{5-28}$$

式中：E_P——充氧动力效率，$kgO_2 \cdot kWh^{-1}$；

V——曝气池有效容积，m^3；

N——理论功率，对于鼓风曝气，指不计管路损失，不计风机和电机的效率，只计算曝气充氧消耗有用功，kW。

对于鼓风曝气，理论功率 N 可按下式计算

$$N = \frac{Q_b \rho g H}{1000} \tag{5-29}$$

式中：Q_b——空气流量，$m^3 \cdot s^{-1}$；

ρ ——空气密度，$kg \cdot m^{-3}$；

H ——风压，m。

若空气流量测定采用转子流量计，需根据测试条件下温度和压力对空气流量进行修正。

$$Q_b = Q_{b0}\sqrt{\frac{p_{b0}T_b}{p_bT_{b0}}} \tag{5-30}$$

式中：Q_{b0}——转子流量计读数，$m^3 \cdot s^{-1}$；

p_{b0}——标定转子流量计时气体的绝对压力，一般为 0.1MPa；

T_{b0}——标定转子流量计时的开氏温度，一般为 293K；

p_b ——被测气体的实际绝对气压，MPa；

T_b ——被测气体的实际开氏温度，K。

根据氧转移速率，也可以计算鼓风曝气设备的氧转移效率。

$$E_A = \frac{R_0 \cdot V}{0.28Q} \times 100\% \tag{5-31}$$

式中：Q——转化为 1 标准大气压，293K 时的空气流量，$m^3 \cdot s^{-1}$；

$$Q = \frac{Q_b \cdot p_b \cdot T_a}{p_a \cdot T_b} \tag{5-32}$$

式中：p_a——1atm；

T_a——293K；

0.28——1 标准大气压，293K 时空气中所含氧量为 $0.28kg \cdot m^{-3}$。

氧转移速率 R_0、充氧动力效率 E_P 和氧转移效率 E_A 都可以用来评价鼓风曝气设备的性能，表面曝气设备的性能可以用氧转移速率 R_0 和充氧动力效率 E_P 来评价。

3. 实验装置与设备

鼓风曝气实验系统如图 5-11 所示，包括曝气池、鼓风曝气设备、鼓风机和储气罐等。

4. 实验步骤

①在曝气池中投入清水至溢流，测定水中溶解氧，计算池内溶解氧含量 $G = DO \cdot V$。

②计算投药量。

(a)脱氧剂采用无水亚硫酸钠，根据亚硫酸钠与氧反应的化学方程式，可得每次投药量 $m=(1.1\sim1.5)\times7.9G$。1.1～1.5 是为脱氧安全而取的系数。

(b)催化剂采用氯化钴，投加浓度为 $0.1\ mg \cdot L^{-1}$，将称得的药剂用温水化开，

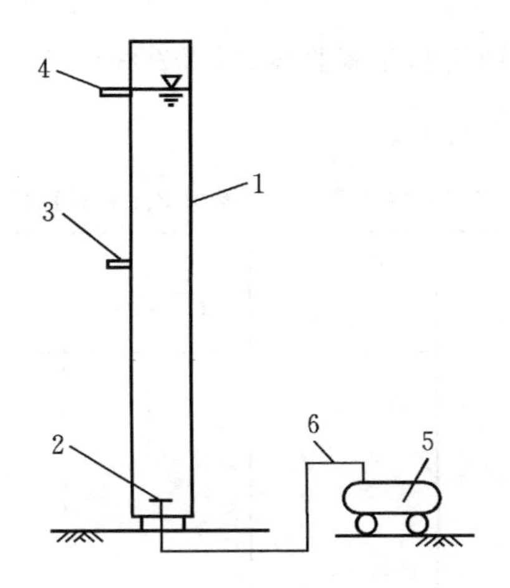

图 5-11　鼓风曝气设备充氧能力实验系统

1—曝气池;2—鼓风曝气设备;3—取样口或溶解氧探头插口;4—溢流孔;5—鼓风机;6—进气管

倒入池内,约 10 min 后,取水样、测其溶解氧。

③当水中溶解氧为零后,打开鼓风机,向储气罐内充气。空压机停止运行后,打开供气阀门,开始曝气,并记录时间。同时每隔一定时间(1 min)取一次样,测定溶解氧值,连续取样 10～15 个。此后,拉长间隔,直至水中溶解氧不再增长(达到饱和)为止。随后,关闭进气阀门。

④实验中计量风量、风压、室外温度,并观察曝气时柱内现象。

5. 数据记录与处理

①原始实验数据可以记入表 5-13 中。

表 5-13　原始实验数据记录表

水样体积 V:______ L;　水温:____ ℃;　初始溶解氧浓度 C_0____ mg·L^{-1}								
无水亚硫酸钠用量:__________g;　氯化钴用量:________g								
测量时间 /min	1	2	3	4	4	6	7	…
溶解氧浓度 / mg·L^{-1}								…

②按表 5-14 处理数据,并以充氧时间 t 为横坐标,水中溶解氧浓度变化

$\ln\frac{C_s}{C_s-C_t}$为纵坐标，作图绘制充氧曲线，所得直线的斜率即为 $K_{La(T)}$。氧的饱和浓度 C_s 应根据式(5-24)计算。

表 5-14　氧总转移系数 $K_{La(T)}$ 计算表

$t-t_0$ /min	C_t / $mg\cdot L^{-1}$	C_s-C_t / $mg\cdot L^{-1}$	$\frac{C_s}{C_s-C_t}$	$ln\frac{C_s}{C_s-C_t}$	$K_{La(T)}$ /min^{-1}

③根据式(5-21)计算氧总转移系数 $K_{La(20)}$。

④根据式(5-27)计算曝气设备氧转移速率 R_0。

⑤根据式(5-28)计算曝气设备充氧动力效率 E_P。

⑥根据式(5-29)计算曝气设备氧转移效率 E_A。

6. 思考题

①间歇非稳态法和连续稳态法测定曝气设备充氧性能各用于什么场合?

②采用亚硫酸钠脱氧剂会导致实验结果哪些偏差? 如何消除?

③表面曝气和鼓风曝气相比在计算氧总转移系数 K_{La}时有什么区别?

实验六　工业污水可生化性检验实验

1. 实验目的

生物处理法去除污水中胶体及溶解有机污染物，具有高效、经济的优点，因而经常作为处理污水的首选方法。在一般情况下，生活污水、城市污水完全可以采用此法。但是由于工业污水往往含有难以生物降解的有机物，或含有能够抑制或毒害微生物生理活动的物质，或缺少微生物生长所必需的某些营养物质，因此处理工业污水时，为了确保污水处理工艺选择的合理与可靠，通常要进行污水的可生化性实验。

本实验的目的是：

①确定工业污水能够被微生物降解的程度，便于选择适宜的处理技术和确定

合理的处理工艺；

②了解并掌握测定污水可生化性实验的方法。

2. 实验原理

污水的可生化性是指污水中所含的污染物能被微生物降解的程度。按此标准可将污水分为三类：①易生物降解污水，易于被微生物作为碳源和能源物质而利用；②可生物降解污水，能够逐步被微生物所利用；③难生物降解污水，降解速度很慢或根本不降解。但“难”、“易”又是相对的，同一种化合物在不同种微生物的作用下，其降解情况也会有不同。污水生物处理是以污水中所含污染物作为污染源，利用微生物的代谢作用使污染物被降解，污水得以净化。显然如果污水中的污染物可被微生物降解，则在设计状态下污水可获得良好的处理效果。因此，对污水进行可生化性评价是采用生物处理工艺设计的前提。

确定污水可生化性的方法很多，如水质标准法、微生物耗氧速率法、脱氢酶活性法、三磷酸腺苷（ATP）测定法等。水质标准法即通过 BOD_5/COD 比值来评价污水可生化性的方法。BOD_5 和 COD 都反映污水中有机物在氧化分解时所耗的氧量。BOD_5 是有机物在微生物作用下氧化分解所需的氧量，它代表污水中可生物降解的那部分有机物；COD 是有机物在化学氧化剂作用下氧化分解所需的氧量，它代表污水中可被化学氧化剂分解的有机物，常采用重铬酸钾为氧化剂，一般可近似认为 COD 测定值代表污水中的全部有机物。一般认为 BOD_5/COD 比值大于 0.45 时，该污水适用于生物处理，如比值在 0.2 左右，则说明这种污水中含有大量难降解的有机物，这种污水可否采用生物处理法处理，尚需看微生物驯化后，能否提高此比值才能判定。此比值接近零时，采用生物处理法是比较困难的。

微生物耗氧速率法是根据微生物与有机物接触后耗氧速度的变化的特征，评价有机物的降解和微生物被抑制或毒害的规律，了解废水的可生化程度。在污水好氧生物处理中，当污水中的底物与微生物接触后，微生物对底物进行代谢，同时呼吸耗氧。物质代谢所消耗的氧包括两个部分：①氧化分解有机污染物，使其分解为 CO_2 和 H_2O 等，为合成新细胞提供能量；②供微生物进行内源呼吸，同时细胞物质会发生氧化分解。即

$$\left(\frac{dO_2}{dt}\right)_t=\left(\frac{dO_2}{dt}\right)_s+\left(\frac{dO_2}{dt}\right)_e \tag{5-33}$$

式中：$\left(\frac{dO_2}{dt}\right)_t$ ——系统总耗氧速率，$kgO_2\cdot m^{-3}\cdot d^{-1}$；

$\left(\frac{dO_2}{dt}\right)_s$ ——微生物降解有机物的耗氧速率，$kgO_2\cdot m^{-3}\cdot d^{-1}$；

$\left(\frac{dO_2}{dt}\right)_e$ ——微生物内源呼吸的耗氧速率，$kgO_2\cdot m^{-3}\cdot d^{-1}$。

根据污水的性质和好氧反应系统参数，污水处理系统的耗氧量为

$$O_2 = a'QS_r + b'VX_v \tag{5-34}$$

式中：O_2——混合液每日需氧量，$kgO_2 \cdot d^{-1}$；

a'——活性污泥代谢 $1kgBOD_5$ 的需氧量，$kgO_2 \cdot kgBOD_5^{-1}$；对生活污水，a' 一般为 0.42～0.53；

Q——污水流量，$m^3 \cdot d^{-1}$；

S_r——有机物(BOD_5)的去除量，$kgBOD_5 \cdot m^{-3}$，$S_r = S_0 - S_e$，即曝气池进出水 BOD_5 的差值；

b'——1kg 活性污泥每天自身氧化的需氧量，其单位为 $kgO_2 \cdot kgVSS^{-1} \cdot d^{-1}$；对生活污水，$b'$ 一般为 0.11～0.19；

V——曝气池水的体积，m^3；

X_v——曝气池内挥发性悬浮固体(MLVSS)，$kgVSS \cdot d^{-1}$。

对比式(5-33)和式(5-34)可得

$$\left(\frac{dO_2}{dt}\right)_t = \frac{O_2}{V} \tag{5-35}$$

$$\left(\frac{dO_2}{dt}\right)_s = \frac{a'QS_r}{V} = a'L_r \tag{5-36}$$

式中：L_r——以有机物去除量表示的容积负荷，$kgBOD_5 \cdot m^3 \cdot d^{-1}$；

$$\left(\frac{dO_2}{dt}\right)_e = \frac{b'VX_v}{V} = b'X_v \tag{5-37}$$

由式(5-36)和式(5-37)可以看出，微生物降解有机物的耗氧速率不仅与微生物性质有关，还与污水性质有关，而微生物内源呼吸耗氧速率基本为一常量。

当污水中的底物主要为可生物降解的有机物时，微生物的氧消耗量累积曲线与 BOD 测定的耗氧过程线类似(见图 5-12 中曲线 1)。溶解氧的消耗量与污水中的有机物浓度有关。实验开始时，间歇反应器中有机物浓度较高，微生物消耗氧的速率较快，以后随着反应器中有机物浓度的减少，氧消耗速率逐渐减慢，直至最后等于内源呼吸速率，在氧消耗累积曲线上表现为曲线斜率与内源呼吸曲线斜率相等(见图 5-12 中曲线 1 与曲线 3)。如污水中无底物，微生物直接进入内源呼吸，其氧消耗累积曲线为一通过原点的直线(见图 5-12 中曲线 3)。如果污水中某一种或几种组分对微生物的生长有毒害抑制作用，那么氧的消耗将会受到毒物的限制，而低于内源呼吸量(见图 5-12 中曲线 4)。如果新投入微生物于废水中，则微生物需要一个驯化过程(见图 5-12 中曲线 2)。

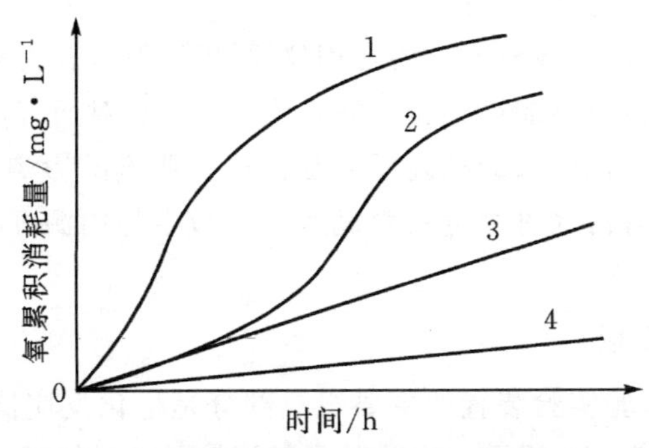

图 5-12　不同物质对微生物耗氧过程的影响

1—易降解;2—经驯化后可降解;3—内源呼吸;4—有毒

污水中有毒有害成分对微生物的影响除了直接杀死微生物,使细胞壁变性或破裂以外,主要表现为抑制、损害酶的作用,使酶变性、失活。如重金属能与酶和其它代谢产物结合,使酶失去活性,改变原生质膜的渗透性,影响营养物质的吸收。再如氢离子浓度会改变原生质膜和酶的荷电,影响原生质的生化过程和酶的作用,阻碍微生物的能量代谢。由于有毒有害物质对微生物的抑制作用不仅与毒性物质的浓度有关,还与微生物的浓度有关,因此,实验时选取的污泥浓度应与曝气池的污泥浓度相同。若用毒性物质对微生物进行培养驯化,可以使微生物逐渐适应这种毒性物质,如图 5-13 所示。

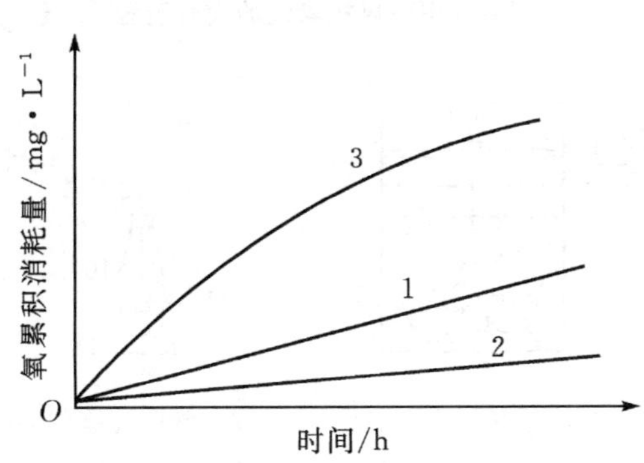

图 5-13　微生物驯化前后对毒性物质的适应

1—未投加毒性物质时的微生物内源呼吸曲线;2—针对毒性物质培养驯化前微生物的呼吸曲线;3—针对毒性物质培养驯化后微生物的呼吸曲线

根据以上分析,用氧消耗累积值与时间的关系曲线、氧消耗速率与时间的关系曲线可以判断某种污水生物处理的可能性,即其可生化性,或某种有毒有害物质进入生物处理设备的最大允许浓度。

瓦勃氏呼吸仪是测定耗氧速度的常用仪器，可以取得较为精确的结果，但其系统复杂，而且密封不良时不能得到相应的实验结果。相对而言，采用溶解氧测定仪的测试系统非常简单，但结果的精确程度受到仪器质量的影响。采用微生物耗氧速率法时，一般用含有污水时微生物耗氧速率与微生物内源呼吸耗氧速率的比值来评价废水的可生化性。

3. 实验装置与设备

污水可生化性检验实验装置的主要组成部分是生化反应器、曝气设备和呼吸速率测定装置，如图 5－14 所示。实验时可以用鼓风机曝气(见图 5－14(a))，也可以用叶轮曝气(见图 5－14(b))。采用鼓风机曝气时，为防止鼓风机的油随空气带入生化反应器，空气输送管应先接入一个装有水的油水分离器后再接入反应器。采用叶轮曝气时，为防止电压变化引起叶轮转速不稳定，电动机应接在稳压电源上。

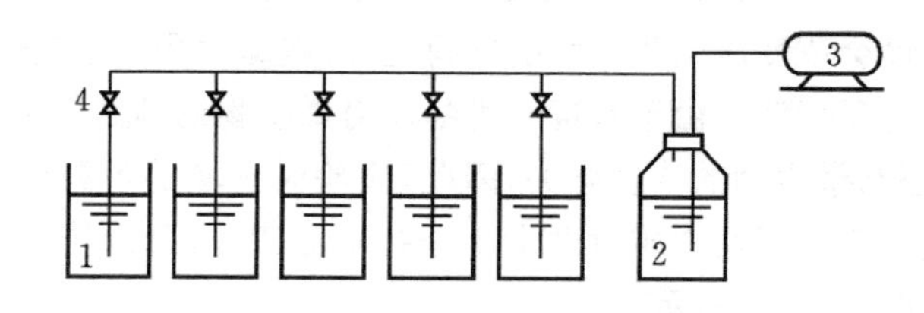

(a)采用鼓风机曝气的实验装置

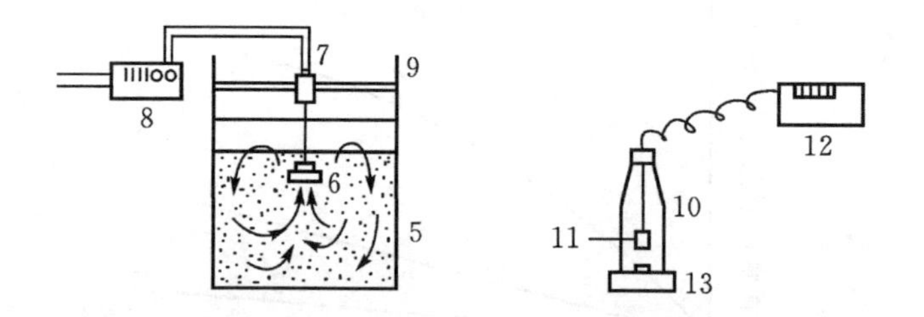

(b)采用叶轮曝气的实验装置　(c)测定呼吸速率的实验装置

图 5－14　污水可生化性检验实验装置

1—生化反应器；2—油水分离器；3—鼓风机；4—阀门；5—生化反应器；6—曝气叶轮；7—电动机；8—稳压电源；9—电动机支架；10—广口瓶；11—溶解氧探头；12—溶解氧测定仪；13—磁力搅拌器

测定呼吸速率所用广口瓶的大小可根据溶解氧探头尺寸确定，一般可采用 250 mL 广口瓶。

4. 实验步骤

①取城市污水厂曝气池出口处活性污泥混合液，搅拌均匀后，在6个生化反应器内分别加入6 L，再加自来水至20 L，使每只反应器内的污泥浓度为1～2 g·L^{-1}。曝气1～2 h，使微生物处于饥饿状态。

②除欲测内源呼吸速率的1号反应器以外，2～6号反应器都停止曝气。

③2～6号反应器静置沉淀，待污泥沉淀后，用虹吸去除上层清液，加入从污水厂初次沉淀池出口处取回的城市污水至20 L处。

④继续曝气，并按表5－15计算和投加间甲酚。

表5－15　各反应器内间甲酚投加量

反应器号	1	2	3	4	5	6
间甲酚浓度/ mg·L^{-1}	0	0	100	200	400	800

⑤混合均匀后立即取样测定呼吸速率(dO_2/dt)，以后每隔30 min测定一次呼吸速率，3 h后改为每隔1 h测定一次，5～6 h后结束实验。

呼吸速率测定方法：

用250 mL的广口瓶取反应器内混合液1瓶，迅速用装有溶解氧探头的橡皮塞子塞紧瓶口(不能有气泡或漏气)，将瓶子放在磁力搅拌器上(见图5－14(c))，启动搅拌器，定期测定溶解氧值(0.5～1 min)，并作记录，测定10 min。然后以DO与t作图，所得直线的斜率即为微生物的呼吸速率。

【注意事项】

①每组学生仅完成一种间甲酚浓度试验。

②加入各生化反应器的活性污泥混合液量应相等，这样才能保证各反应器内的活性污泥浓度相同，使各反应器的实验结果有可比性。

③取样测定呼吸速率时，应充分搅拌使反应器内活性污泥浓度保持均匀，以避免由于采样带来的误差。

④反应器内的溶解氧建议维持在6～7 mg·L^{-1}，以保证测定呼吸速率时有足够的溶解氧。

5. 数据记录与处理

①按表5－16记录测定呼吸速率(dO_2/dt)的每组实验数据。

表5－16　呼吸速率测试实验溶解氧值记录表

时间/min	0	0.5	1	1.5	2	2.5	…
溶解氧/ mg·L^{-1}							

②以溶解氧值为纵坐标，时间为横坐标作图，所得直线的斜率即为呼吸速率(dO_2/dt)（5～6h 实验针对每组间甲酚浓度可测得 9～10 个 dO_2/dt 值）。

③以呼吸速率 dO_2/dt 为纵坐标，时间 t 为横坐标作图，得 dO_2/dt 与 t 的关系曲线。

④用 dO_2/dt 与 t 关系曲线，参照表 5－17 计算累积氧消耗量 O_u。表中 $\frac{dO_2}{dt}\times t$ 和 O_u 可参考式(5－38)和式(5－39)计算。

表 5－17　累积氧消耗量 O_u 计算

序号	1	2	3	4	…	$n-1$	n
时间 t/h	0	0.5	1	1.5	…		
呼吸速率 dO_2/dt /mg・L^{-1}・min^{-1}							
$\frac{dO_2}{dt}\times t$ /mg・L^{-1}	0						
O_u/mg・L^{-1}	0						

$$\left(\frac{dO_2}{dt}\times t\right)_n=\frac{1}{2}\left[\left(\frac{dO_2}{dt}\right)_n+\left(\frac{dO_2}{dt}\right)_{n-1}\right]\times(t_n-t_{n-1}) \tag{5-38}$$

$$(O_u)_n=(O_u)_{n-1}+\left(\frac{dO_2}{dt}\times t\right)_n \tag{5-39}$$

式中：n 取 2，3，4，…；$(O_u)_1=0$。

⑤以累积氧消耗量 O_u 为纵坐标，时间 t 为横坐标作图，得间甲酚对微生物氧消耗量的影响曲线。

6. 思考题

①与 BOD_5/COD 判断污水可生化性相比，本实验方法有哪些优点？

②与通过瓦勃氏呼吸仪测定污水可生化性相比，本实验方法有哪些优缺点？

③拟定一个确定有毒物质进入生物处理构筑物容许浓度的实验方案。

实验七　酸性废水中和吹脱实验

1. 实验目的

在化工、钢铁、机械制造等工业生产中都会排出酸性生产污水。酸性废水中常见的酸性物质有硫酸、硝酸、盐酸、氢氟酸、磷酸等无机酸及醋酸、甲酸、柠檬酸等有机酸，并常溶解有金属盐。工业废水中所含酸的量往往相差很大，因而有不同的处理方法。酸含量大于 3%～5%的高浓度含酸废水，常称为废酸液，可因地制宜采用特殊的方法回收其中的酸，或者进行综合利用，如扩散渗析法回收钢铁酸洗废液中的硫酸，利用钢铁酸洗废液作为制造硫酸亚铁、氧化铁红、聚合硫酸铁的原料等。对于酸含量小于3%的低浓度酸性废水，由于其中酸含量低，回收价值不大，常采用中和法处理，使其达到排放要求。

目前常用的中和方法有酸碱废水中和、投药中和及过滤中和三种。过滤中和法具有设备简单、造价便宜、耐冲击负荷等优点，故在生产中应用很多。由于过滤中和时，废水在滤池中的停留时间、滤速与废水中酸的种类、浓度等有关，常需要通过实验来确定，以便为工艺设计和运行管理提供依据。

本实验的目的是：

①掌握酸性废水过滤中和处理的原理与工艺；

②测定升流式石灰石过滤设备在不同滤速下中和酸性水的效果；

③测定不同形式的吹脱设备(鼓风曝气塔、瓷环填料塔、筛板塔)去除水中游离CO_2的效果。

2. 实验原理

酸性废水流过碱性滤料时与滤料进行中和反应的方法称为过滤中和法。过滤中和法与投药中和法相比，具有操作方便、运行费用低、劳动条件好及产生沉渣少(是废水量的0.5%)等优点，但不适于中和高浓度酸性废水。

工厂排放的酸性废水可分为三类：①含有强酸(如 HCl、HNO_3)，其钙盐易溶解于水；②含有强酸(如 H_2SO_4)，其钙盐难溶解于水；③含有弱酸(如甲酸、CH_3COOH)。

碱性滤料主要有石灰石、大理石和白云石等。其中石灰石和大理石的主要成分是$CaCO_3$，而白云石的主要成分是$CaCO_3 \cdot MgCO_3$。石灰石的来源较广，价格便宜，因而是最常用的碱性滤料。

滤料的选择与中和产物的溶解度有密切的关系。滤料的中和反应发生在颗粒表面，如果中和产物的溶解度很小，就在滤料颗粒表面形成不溶性的硬壳，阻止中和反应的继续进行，使中和处理失败。各种酸在中和后形成的盐具有不同的溶解度，其顺序大致为：$Ca(NO_3)_2$、$CaCl_2 > MgSO_4 >> CaSO_4 > CaCO_3$、$MgCO_3$。因此，中和第①类酸性废水时，各种滤料均可采用。但废水中酸的浓度不能过高，否则滤料消耗快，给处理造成一定的困难，其极限浓度为20 $g \cdot L^{-1}$。中和第②类酸性废水时，最好选用含镁的白云石。但是，白云石的来源少、成本高、反应速度慢，所以，如能正确控制硫酸浓度，使中和产物($CaSO_4$)的生成量不超过其溶解度，则也可以采用石灰石或大理石。根据$CaSO_4$的溶解度数据可以算出，以石灰石为滤料时，硫酸允许浓度在1～1.2 $g \cdot L^{-1}$。如硫酸浓度超过上述允许值，可改用白云石滤料。中和第③类酸性废水时，弱酸与碳酸盐反应速率很慢，滤速应适当减小。

过滤中和设备主要有重力式中和滤池、等速升流式膨胀中和滤池和变速升流式膨胀中和滤池三种。重力式普通中和滤池滤料粒径大(30～80 mm)，滤速慢(小于 5 m·h^{-1})，故体积庞大，处理效果较差。等速升流式膨胀中和滤池滤料颗粒小(0.5～3 mm)，滤速快(50～70m·h^{-1})，水流由下向上流动，使滤料相互碰撞摩擦，表面不断更新，故处理效果好，沉渣量也少。变速升流式膨胀中和滤池是一种倒锥形变速中和塔，滤料粒径为 0.5～6 mm，下部的大滤料在高滤速条件下工作，上部小滤料在低滤速条件下工作，从而使滤料层不同粒径的颗粒都能均匀地膨胀，因而大颗粒不结垢或少结垢，小颗粒不至于流失。变速升流式膨胀池的中和效果优于前两种滤池，但建造费用也较高。采用升流式膨胀中和滤池，由于滤速大，滤料可以悬浮起来，通过互相碰撞，使表面形成的硬壳容易剥落下来，因此进水中硫酸的允许浓度可以提高至 2.2～2.5 g·L^{-1}。

采用碳酸盐做中和滤料，均有 CO_2 气体产生，它能附着在滤料表面，形成气体薄膜，阻碍反应的进行。酸的浓度越大，产生的气体就越多，阻碍作用也就越严重。采用升流过滤方式和较大的过滤速度，有利于消除气体的阻碍作用。另外，过滤中和产物 CO_2 溶于水使出水 pH 值约为 5，经曝气吹脱 CO_2，则 pH 值可上升到 6 左右。

为了进行有效的过滤，还必须限制进水中悬浮杂质的浓度，以防堵塞滤料。滤料的粒径也不宜过大。另外，失效的滤渣应及时清除，并随时向滤池补加滤料，直至倒床换料。

3. 实验装置与设备

①中和滤柱：有机玻璃柱，内径 70 mm，高 2.3 m，内装石灰石滤料，粒径 0.5～3 mm，初始装填高度约 1 m。

②吹脱柱：有机玻璃柱，内径 90 mm，高 1.5 m。共有平行布置的 3 根柱，柱 1 不填充填料，为鼓风吹脱柱；柱 2 填充拉西环，填料规格 10 mm×10 mm，装填高度 1 m；柱 3 内安装 7 块筛板，筛板间距 150 mm，筛孔孔径 6.5 mm，孔中心距 10 mm，呈正三角形排列。

③塑料水槽两个，$L \cdot B \cdot H$=80 cm×80 cm×80 cm。

④塑料耐腐蚀泵一台。

⑤鼓风机一台。

⑥转子流量计、pH 计及滴定用玻璃器皿等。

酸性废水中和吹脱实验系统图如图 5－15 所示。

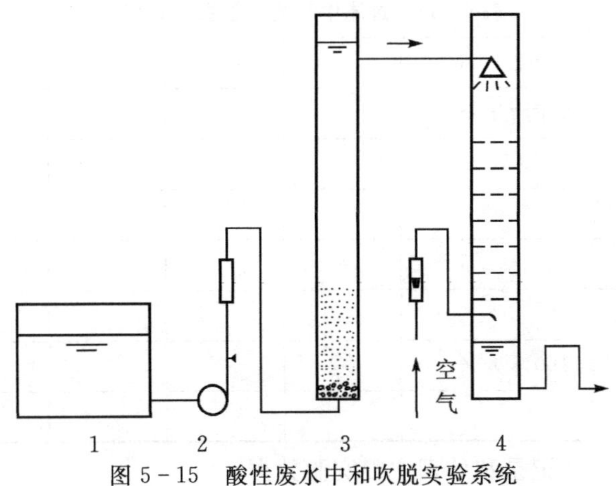

图 5-15　酸性废水中和吹脱实验系统

1—水槽;2—泵;3—中和滤柱;4—筛板式吹脱柱

4.实验步骤

(1)过滤中和

①在塑料水槽中自配硫酸溶液,浓度 1.5～2g·L^{-1},用泵循环,使硫酸浓度均匀,并取 200 mL 水样测定 pH 和酸度。

②将酸水用泵打入中和滤柱,用阀门调节流量,同时在出流管出口处用体积法测定流量,每组完成 4 个滤速的实验,建议滤率采用 40、60、80、100 m·h^{-1},观察中和过程出现的现象。

③待稳定流动 10～15 min 后,取中和后出水样(取满,不留空隙),测定 pH 值、酸度、游离 CO_2 含量。

④改变滤速,重复上述实验。

(2)吹脱实验

①将中和后出水引到吹脱柱,用阀门调节风量,进行吹脱,观察吹脱过程出现的现象。

②中和出水取样 5 min 后,再取吹脱后水样(取满,不留空隙),测定吹脱出水的 pH 值、酸度、游离 CO_2 的含量。

【注意事项】

取中和和吹脱后出水水样时,应用瓶子取满水样,不留空隙,以免 CO_2 释出,影响测定结果。

5.数据记录与处理

①参照表 5-18 记录和处理过滤中和实验数据。

表 5－18　过滤中和实验数据记录表

流量测定	流量 Q/L·min^{-1}				
	时间 t/min				
	体积 V/L				
滤速($\frac{Q}{A}$)/m·h^{-1}					
pH					
酸度 C_i/mmol·L^{-1}					
中和效率($\frac{C_0-C_i}{C_0}\times 100\%$)/%					
滤床膨胀高度/m					

②参照表 5－19 记录和处理吹脱实验数据。

表 5－19　吹脱实验数据记录

水样	酸度/mmol·L^{-1}	pH	游离 CO_2/ mg·L^{-1}
中和后出水			
吹脱后出水			
吹脱效率/(%)			

③综合实验结果，以滤速为横坐标，pH 值、酸度、游离 CO_2 分别为纵坐标作图，确定合适的操作滤速。

6. 思考题

①如果废水中硫酸浓度超过 2.5 g·L^{-1}，可否通过回流处理后出水降低进水硫酸浓度，然后再进入石灰石中和柱？

②根据实验结果说明过滤中和法的处理效果与哪些因素有关？

③拟定一个确定处理单位体积某浓度酸性废水所需要的滤料量的实验方案。

实验八　污泥比阻测定实验

1. 实验目的

在污水处理过程中，产生大量污泥，其数量约占处理水量的 0.5%，数量极为可观。这些污泥具有含水率高、体积大、流动性高的特点。为便于污泥的运输和贮藏，在最终处置之前都要进行污泥脱水。

不同来源的污泥组成和性质不同，污泥的脱水性能差异很大。污泥比阻是评价污泥脱水性能的重要指标，为了比较各种污泥脱水性能的优劣，常常需要测定污泥的比阻。污泥比阻实验也可为调理阶段确定药剂种类、用量及运行条件提供依据。

本实验的目的是：

①通过实验掌握污泥比阻的测定方法；

②掌握通过污泥比阻实验筛选合理的混凝剂和优化混凝剂投加量。

2. 实验原理

污泥比阻是表示污泥过滤特性的综合性指标，它的物理意义是：单位重量的污泥在一定压力下过滤时在单位过滤面积上的阻力。污泥比阻愈大，污泥脱水性能愈差。

过滤时滤液体积与过滤压力、过滤面积和过滤时间成正比，而与过滤阻力和滤液粘度成反比。

$$V=\frac{pAt}{\mu R} \tag{5-40}$$

式中：V ——滤液体积，mL；

p ——过滤压力，Pa；

A ——过滤面积，cm^2；

t ——过滤时间，s；

μ ——滤液的动力粘度，Pa·s；

R ——单位过滤面积上，通过单位体积的滤液所产生的过滤阻力，取决于滤饼性质，cm^{-1}。

过滤阻力 R 包括滤饼阻力 R_c 和过滤介质阻力 R_g 两部分。过滤开始对，滤液只需克服过滤介质的阻力，当滤饼逐步形成后，滤液还需克服滤饼本身的阻力。因此阻力 R 随滤饼层厚度的增加而增大，过滤速度则随滤饼层厚度的增加而减少。因此将式(5-40)改写成微分形式

$$\frac{\mathrm{d}V}{\mathrm{d}t}=\frac{pA}{\mu R}=\frac{pA}{\mu(\delta R_c+R_g)} \tag{5-41}$$

式中：δ ——滤饼厚度，cm；

R_c——单位厚度滤饼的阻力，cm^{-2}；

R_g——过滤介质阻力，cm^{-1}。

设每滤过单位体积的滤液，在过滤介质上截留的滤饼体积为 υ，则当滤液体积为 V 时，滤饼体积为 υV，因此

$$\delta A=\upsilon V \tag{5-42}$$

$$\delta=\frac{\upsilon V}{A} \tag{5-43}$$

将式(5－43)代入式(5－41),可得

$$\frac{dV}{dt}=\frac{pA^2}{\mu(\upsilon VR_c+R_gA)} \tag{5-44}$$

式(5－44)就是著名的卡门(Carmen)过滤基本方程式。

若以滤过单位体积的滤液在过滤介质上截留的滤饼干固体质量 ω 代替 υ,并以单位质量的阻抗 r 代替 R_c,则式(5－44)可改写为

$$\frac{dV}{dt}=\frac{pA^2}{\mu(\omega Vr+R_gA)} \tag{5-45}$$

式中:r——污泥比阻,$cm\cdot g^{-1}$。

定压过滤时,式(5－45)对时间积分

$$\int_0^t dt=\int_0^V\left(\frac{\mu\omega Vr}{pA^2}+\frac{\mu R_g}{pA}\right)dV \tag{5-46}$$

$$t=\frac{\mu\omega rV^2}{2pA^2}+\frac{\mu R_gV}{pA} \tag{5-47}$$

$$\frac{t}{V}=\frac{\mu\omega rV}{2pA^2}+\frac{\mu R_g}{pA} \tag{5-48}$$

式(5－48)说明,在定压下过滤,t/V 与 V 成直线关系,直线的斜率 b 和截距 a 分别是

$$b=\frac{\mu\omega r}{2pA^2} \tag{5-49}$$

$$a=\frac{\mu R_g}{pA} \tag{5-50}$$

因此比阻公式为

$$r=\frac{2pA^2}{\mu}\cdot\frac{b}{\omega} \tag{5-51}$$

从式(5－51)可以看出,要求得污泥比阻 r,需在实验条件下求出斜率 b 和 ω。b 可在定压下(真空度保持不变)通过测定一系列的 $t-V$ 数据,用图解法求取,如图 5－16 所示。

ω 可根据定义计算

$$\omega=\frac{(V_0-V_f)S_c}{V_f} \tag{5-52}$$

式中:V_0——原污泥体积,mL;

V_f——滤液体积,mL;

S_c——滤饼固体浓度,$g\cdot mL^{-1}$。

根据液体平衡关系可写出

$$V_0=V_f+V_c \tag{5-53}$$

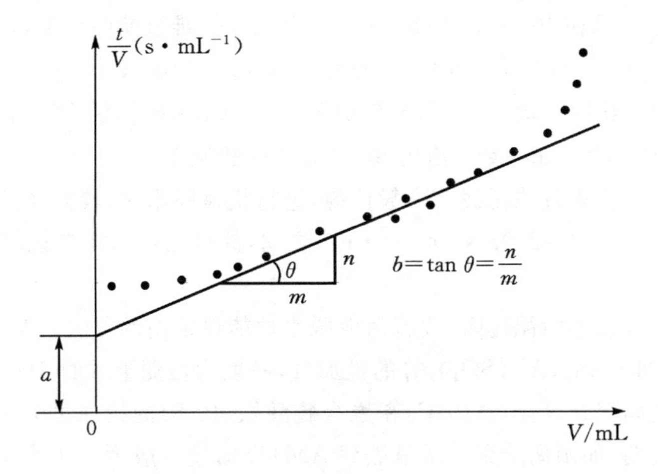

图 5-16　图解法求斜率 b

式中：V_c——滤饼体积，mL；

根据固体物质平衡关系可写出

$$V_0 S_0 = V_f S_f + V_c S_c \tag{5-54}$$

式中：S_0——原污泥中固体物质浓度，g·mL^{-1}；

S_f——滤液中固体物质浓度，g·mL^{-1}。

由式(5-53)和式(5-54)可得

$$V_f = \frac{V_0\ (S_0 - S_c)}{S_f - S_c} \text{ 或 } V_c = \frac{V_0\ (S_0 - S_f)}{S_c - S_f} \tag{5-55}$$

将式(5-55)代入式(5-52)，可得

$$\omega = \frac{S_c\ (S_0 - S_f)}{S_c - S_0} \tag{5-56}$$

因滤液固体浓度 S_f 相对原污泥固体浓度 S_0 要小得多，故忽略不计，因此

$$\omega = \frac{S_c S_0}{S_c - S_0} \tag{5-57}$$

也可用测滤饼含水率的方法计算 ω

$$\omega = \frac{1}{\dfrac{P_0}{100 - P_0} - \dfrac{P_c}{100 - P_c}} \tag{5-58}$$

式中：P_0——原污泥的含水率，%；

P_c——滤饼的含水率，%。

例如原污泥含水率 98%，抽滤后滤饼含水率为 80%，则

$$\omega = \frac{1}{\dfrac{P_0}{100 - P_0} - \dfrac{P_c}{100 - P_c}} = \frac{1}{\dfrac{98}{100 - 98} - \dfrac{80}{100 - 80}} = \frac{1}{45} = 0.0222(\text{g}\cdot\text{mL}^{-1})$$

一般认为比阻在 $10^{12}\sim10^{13}$ cm・g^{-1}的污泥算作难过滤的污泥，比阻在(0.5～0.9)×10^{12} cm・g^{-1}的污泥算作中等，比阻小于 0.4×10^{12} cm・g^{-1}的污泥容易过滤。初沉污泥的比阻一般为(4.61～6.08)×10^{12} cm・g^{-1}，活性污泥的比阻一般为(1.65～2.83) ×10^{13} cm・g^{-1}，消化污泥的比阻一般为(1.24～1.39) ×10^{13} cm・g^{-1}。这三种污泥均属于难过滤污泥。一般认为，进行机械脱水时，较为经济和适宜的污泥比阻在 9.81×10^{10}～3.92×10^{9} cm・g^{-1}之间，故这三种污泥在机械脱水前需进行加药调理。

加药调理是减小污泥比阻，改善污泥脱水性能最常用的方法。对于上述污泥，无机混凝剂，如 $FeCl_3$，$Al_2(SO_4)_3$等的投加量，一般为污泥干重的 5%～10%；无机高分子混凝剂如聚合氯化铝(PAC)和聚合硫酸铁(PFS)的投加量为 1%～3%；有机高分子絮凝剂，如阳离子聚丙烯酰胺(PAM)投加量一般为 0.1%～0.3%，或者更低。

评价污泥脱水性能的指标除污泥比阻外，还有毛细吸水时间(Capillary Suction Time，简称 CST)。这是 Baskerville 和 Gale 于 1968 年提出的。CST 指在毛细作用下，污泥中水分在滤纸上渗透 1cm 所需要的时间，单位为秒。CST 测试操作简单，使用方便，但对滤纸要求很高，要求滤纸的质量均匀、湿润周边清洗、流速适当并有足够的吸水量，一般国产滤纸较难达到要求。

3. 实验装置与设备

污泥比阻测试的实验装置如图 5-17 所示。装置包含的组件包括真空泵、吸滤瓶、计量筒、真空调节阀、布氏漏斗等。

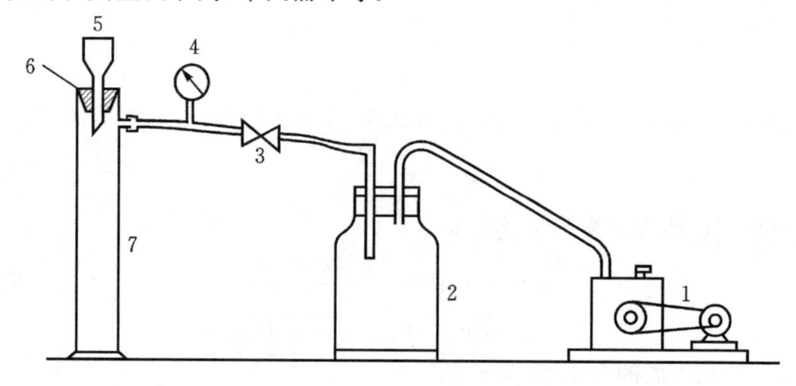

图 5-17　污泥比阻测试装置

1—真空泵；2—吸滤瓶；3—真空调节阀；4—真空表；5—布式漏斗；6—橡胶塞；7—计量筒

计量筒按 100 mL 具塞玻璃量筒尺寸(内径 $D=28$ mm,高 $H=250$ mm)加工,筒侧增设抽气支管。实验中用铁架固定,上方通过橡胶塞与布氏漏斗连接。吸滤瓶作为真空缓冲室及盛水之用,可用有机玻璃制成。

实验中还需要滤纸、$FeCl_3$、$Al_2(SO_4)_3$、秒表、烘箱、分析天平等。

4. 实验步骤

①测定原污泥的含水率 P_0 及固体浓度 S_0。

②配制浓度为 10 g·L^{-1} 的 $FeCl_3$ 和 $Al_2(SO_4)_3$ 混凝剂。

③加入 $FeCl_3$ 混凝剂调节污泥(每组加一种混凝剂量),加量分别为干污泥重的 0%,2%,4%,6%,8%,10%。

④在直径为 80 mm 的布氏漏斗上放置滤纸,用水润湿,贴紧周底。

⑤开动真空泵,调节真空压力,大约比实验压力小 1/3,实验时真空压力采用 35.5 kPa(266mmHg)或 70.9 kPa(532mmHg),关掉真空泵。

⑥加入 100 mL 待测污泥于布氏漏斗中,使其依靠重力过滤 1 min,启动真空泵,调节真空压力至实验压力,记下此时计量筒内的滤液体积 V_0,启动秒表。在整个实验过程中,仔细调节真空调节阀,以保持实验压力恒定。

⑦间隔一定时间(开始过滤时可每隔 10s 或 15s,滤速减慢后可隔 30s 或 60s)记下计量管内相应的滤液量体积 V'。

⑧定压过滤至滤饼破裂,真空破坏,如真空长时间不破坏,则过滤 20 分钟后即可停止(也可 30~40 min 待泥饼形成为止)。

⑨关闭阀门,测出定压过滤后滤饼的厚度 δ、含水率 P_c 及固体浓度 S_c。

⑩另取加 $Al_2(SO_4)_3$ 混凝剂的污泥(每组的加量与 $FeCl_3$ 相同)及不加混凝剂的污泥,按步骤④~⑨分别进行实验。

【注意事项】

①实验前仔细检查抽真空装置的各个接头处是否漏气。

②滤纸称量烘干,放到布氏漏斗内,要先用蒸馏水湿润,而后再用真空泵抽吸一下,滤纸要贴紧,不能漏气。

③污泥中加混凝剂后应充分混合。

④污泥倒入布氏漏斗内时,有部分滤液流入计量筒,所以开始真空定压过滤后记录量筒内滤液体积。

⑤在整个过滤过程中,真空度应始终保持一致。

5. 实验数据记录与处理

①测定并记录实验基本参数。

原污泥的含水率 P_0______%　　　　实验真空度__________ kPa

②按表5-20记录每组布氏漏斗抽滤实验所得的数据并计算。

表5-20 布氏漏斗实验数据

时间/s	计量筒总滤液量 V'/mL	定压过滤滤液量 $V=V'-V_0$/mL	$\frac{t}{V}$/s·mL^{-1}	备注

③以 t/V 为纵坐标,V 为横坐标作图,求斜率 b。

④根据原污泥的含水率 P_0 及滤饼的含水率 P_c 按式(5-58)求出单位体积的滤液在过滤介质上截留的滤饼干固体质量 ω。

⑤按表5-21计算比阻值 r。

⑥以比阻为纵坐标,混凝剂投加量为横坐标作图,求出混凝剂最佳投加量。

表5-21 比阻值计算表

污泥含水率/(%)	污泥固体浓度/g·mL^{-1}	混凝剂用量/(%)	b /s·cm^{-6}	$k=\frac{2pA^2}{\mu}$						单位面积滤液的固体量 ω /g·mL^{-1}	比阻值 $r=k\frac{b}{\omega}$ /cm·g^{-1}
				布氏漏斗直径/cm	过滤面积 A/cm^2	面积平方 A^2/cm^4	滤液黏度 μ/Pa·s	真空压力 p /Pa	k 值 /cm^4·s^{-1}		

6. 思考题

①为什么初沉污泥、活性污泥和消化污泥比阻差别很大?哪些因素影响污泥的比阻?

②活性污泥在真空过滤时,是否真空度越大,泥饼的固体浓度越大?为什么?

实验九　膜生物反应器膜污染的观测实验

1. 实验目的

①考察膜生物反应器(简称 MBR)在恒压过程中通量或阻力随压力的变化。

②比较物理清洗和化学清洗方法对膜通量恢复的情况。

③考察分析 MBR 对废水 COD、氨氮等的去除效果。

④掌握 MBR 装置中膜的物理清洗方法和化学清洗方法。

⑤掌握 MBR 运行的基本原理。

2. 实验原理

膜生物反应器(MBR)是一项很有发展前景的水处理工艺。它是膜组件和微生物处理法的结合,它能将几乎所有的微生物截留在反应器中,使其中的生物污泥浓度提高,污泥泥龄延长,使出水的有机污染物含量降低,能有效地去除氨氮,对难降解的工业废水处理也非常有效。目前,膜生物反应器工艺正在被广泛用于城市用水的净化以及生活污水和工业废水的处理。该工艺与传统微生物处理工艺相比具有出水水质好、占地面积小、维修简便和操作灵活等优点,它的发展动力源于日益严格的环境标准对小型、高效的水处理工艺的需求。

膜生物反应器工艺主要有以下特点:污染物去除效率高,不仅对悬浮物、有机物去除效率高,且可以去除细菌、病毒等;设备占地小;膜分离可使微生物完全截留在生物反应器内,实现反应器水力停留时间和污泥泥龄的完全分离,使运行控制更加灵活、稳定;生物反应器内的微生物浓度高,耐冲击负荷,有利于增殖缓慢的微生物,如硝化细菌的截留和生长,系统硝化效率得以提高,同时可提高难降解有机物的降解效率;传质效率高,氧转移效率高达 26%～60%左右;污泥产量低;出水水质好,出水可直接回用;易于实现自动控制,操作管理方便。

膜生物反应器一般由膜组件与生物反应器两部分组成,按照组合方式的不同,可以分为分置式和一体式。分置式是指膜组件与生物反应器分开设置,膜的压力驱动是靠加压泵;一体式是指膜组件安置在生物反应器内部,压力驱动靠水头压差,或用真空泵抽吸,可省掉循环用的泵及管路系统。分置式的特点是膜组件自成体系,有易于清洗、更换及增设等优点。但泵的高速旋转产生的剪切力使某些微生物细菌体会产生失活现象,而且一般条件下为减少污染物在膜表面的沉积,由循环泵提供的水流流速都很高,为此动力消耗较大。一体式不使用循环泵,可避免微生物细菌体因受到剪切力而失活,其最大特点是运行动力费用低。但通常膜部分的拆洗、清洗较困难,不过中空纤维式膜组件由于体积小、组装灵活,可分组设置成若干框架结构，便于从曝气池中拿出，克服了不易拆装、清洗的缺点。

对于MBR所用的膜组件，通常选用中空纤维膜组件，中空纤维膜组件相比于平板式膜组件，具有单位体积膜面积高，投资小，抗污染性能高等特点。中空纤维膜组件通常由圆管式的膜组成，中空纤维外径较细，多为40～250 μm，内径多为25～45 μm。根据运行方式不同，可分为内压式和外压式两种，中空纤维耐压好，通常中空纤维膜组件是将上万根中空纤维两端用环氧树脂封头制成，装封密度高，可达16000～30000 m^2/m^3；其缺点是污染和浓差极化对分离性能影响较大。

MBR渗透液出水悬浮固体物SS小于5 mg/L，浊度小于1NTU。水质满足排入敏感区域的要求，在色觉上也不会带来异感，在MBR出水的基础上，采用致密膜工艺如反渗透进行进一步净化，可以考虑回用。

膜生物反应器在实际推广过程中最主要的影响因素是膜污染。根据国际纯粹和应用化学协会(IUPAC)的定义，膜污染是指由于悬浮物或可溶物质沉积在膜的表面、孔隙内壁，从而造成膜通量降低的过程。膜通量降低的机理很复杂，至今还没有完全弄清楚，各方说法不一，但一般都认为浓差极化和膜污染是导致膜通量下降的两个主要原因。

(1)浓差极化

浓差极化是由于膜表面和膜孔内的选择透过性造成膜面浓度高于处理液浓度的现象。由于膜的固液分离作用，溶剂等小分子可以透过膜，较大的溶质(部分活性污泥和胶体物质)则被膜截留，溶质分子在膜表面不断的积累，当其浓度超过本体溶液中的浓度时，在界面上就形成了溶质浓度梯度，在梯度力的作用下，溶质分子经过界面向本体溶液扩散，最后堆积在膜表面，引起渗透压的增加，使膜通量减少。这是一种可逆污染，可通过降低料液浓度或改善膜面附近料液侧的流体力学条件，如提高流速、采用湍流促进器和设计合理的流道结构等方法来减小浓差极化的影响。

(2)膜污染

膜污染是指被处理水样中的微粒、胶体粒子和溶质大分子由于与膜存在物理化学相互作用或机械作用而引起的膜表面或膜孔内吸附、堵塞使膜产生透过流量与分离特性的不可逆变化的现象。由于膜污染是亚微细粒子或小分子溶质吸附、积累在膜表面或在膜孔中结晶沉积所致，所以膜污染是不可逆的，只能靠改进膜组件结构、性能或优化膜系统设计来减轻。

一般而言，膜污染根据发生位置来讲分为两种类型，一种是外部堵塞，为可逆污染；另一种是内部堵塞，为不可逆污染。不论哪一种情况发生，都会对MBR的正常运行产生较大影响，通常污染后会导致膜通量急剧下降，需要更换膜组件或加大膜清洗的频率。

在膜生物反应器运行中一旦膜受到污染，为了延长其使用寿命，我们需对其进行清洗，膜的清洗可以分为物理清洗、化学清洗以及物理化学清洗。物理清洗是用机械方法从膜面上去除污染物，包括多种方法，如正方向冲洗、变方向冲洗、透过液反压冲洗、振动、排气充水法、空气喷射、自动海绵球清洗、水力方法、气液脉冲和循环洗涤等。物理清洗对膜通量的恢复往往是局部的，实际过程中还应考虑化学清洗。化学清洗实质上是利用化学试剂与沉积物、污垢、腐蚀产物及影响通量速率和产水水质的其他污染物进行反应去除膜上的污染物。这些化学试剂包括酸、碱、螯合剂和按配方制造的产品等。酸类清洗剂可以有效去除矿物质和 DNA 等，而碱类物质则可以很好的去除蛋白质污染等。在化学清洗的过程中，如果所用试剂过量，会对膜的结构造成一定的损害。对于物理化学方法，主要是将物理和化学清洗方法结合使用，这可以有效提高清洗效果，如在清洗液中加入表面活性剂使物理清洗效果提高等。

3. 试验仪器、装置和试剂

自制 MBR 反应器、紫外分光光度计、抽滤装置、量筒、烧杯、漏斗、COD 测试仪、pH 计等。实验装置如图 5-18 所示。

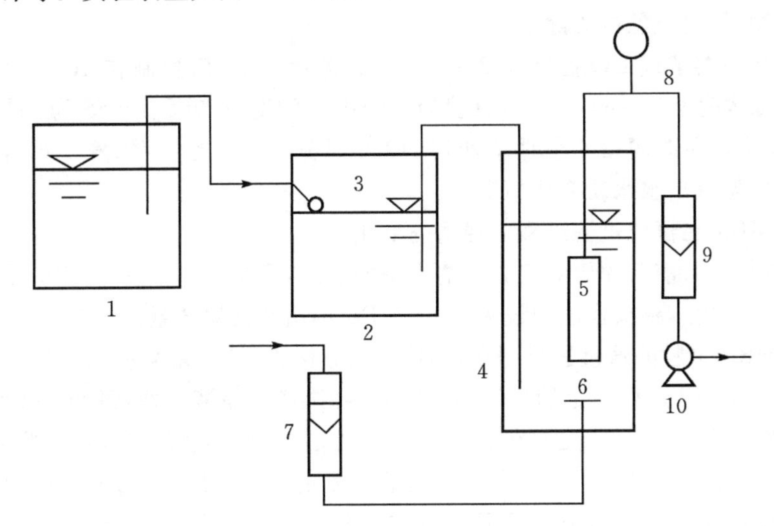

图 5-18　一体式膜生物反应器实验装置

1—高位水箱；2—液体平衡水箱；3—浮球阀；4—生物反应器；5—膜组件；6—曝气装置；7—气体流量计；8—真空表；9—液体流量计；10—出水泵

进行实验时，将所需水样通过水泵送入高位水箱，将中空纤维膜组件置于膜生物反应器内，温度控制在 25 ℃左右，曝气器上的 PVC 管固定在反应器底部，有空气流量计控制整个装置的曝气量，MBR 有效容积为 2 L。试验中需要检测参数 COD、BOD、氨氮、MLSS，采用国标方法检测，而参数 DO、pH 值、生物相等检测则分别用溶解氧测定仪、pH 计以及光学显微镜测定。

4.实验操作步骤

(1)污泥的驯化及MBR的启动

接种污泥取城市污水处理厂曝气池的混合液,将混合液加入到未置入膜组件的MBR反应器中,连续进出人工生活污水配水,采用间歇的方法来培养活性污泥,间歇运行一段时间后,当污泥浓度达到2000 mg/L时,此时在反应器中置入中空纤维膜组件,此时将MBR的水力停留时间控制为4小时,继续培养,再经过一段时间的培养和驯化(约两周),此时可观察到污泥的絮状结构明显增多,颜色也由黑色变为灰褐色,此时如果用显微镜观察会发现污泥中存在一定数量的轮虫、钟虫等原生动物,出水在80 mg/L左右,此时认为污泥的驯化已经结束,可进入实验。

(2)MBR对COD的去除效果

首先将MBR内的溶解氧DO值控制在2~3 mg/L,水力停留时间4小时,进水COD值在400~600 mg/L之间,pH值为7.0~9.0,温度为20 ℃,MLSS为5000~7000 mg/L,每隔24小时取进出水样,测定COD值的变化。

(3)MBR对氨氮的去除效果

MBR内溶解氧DO控制在2~3 mg/L,进水COD值控制在400~600mg/L之间,氨氮浓度为30~60 mg/L,pH值为7.0~9.0,温度为20 ℃,MLSS为5000~7000 mg/L,水力停留时间按4小时、8小时、12小时分别连续运行,每隔2小时取进出水样,测定氨氮出水水质变化情况。

(4)MBR在恒压过滤过程中通量的变化

在进行试验前首先要测定膜在清水中的通量,具体测定方法为:用清洁的膜对蒸馏水进行过滤,将操作压力设为0.02 MPa,测出其初始通量。

对MBR中膜的通量进行测定,具体测定方法为:将活塞泵的抽吸压力控制在0.02 MPa,MBR运行一定的周期后,从中空纤维产生滤液开始,每60~120s记录一次滤液质量,过滤时间控制在20~30 min左右,由所得值可以计算出膜通量。

实验中为了研究不同操作压力下对膜通量的影响,可改变活塞泵的操作压力0.01、0.02、0.03、0.04以及0.05 MPa,测定在不同操作压力下中空纤维膜的膜通量。

(5)比较物理清洗和化学清洗方法对膜通量的恢复情况

物理清洗的具体操作方法:将中空纤维膜组件取出,用纯水冲洗其表面,再用活塞泵反冲洗,操作压力定为0.10 MPa,连续冲洗30 min,然后测定中空纤维膜的清水通量,然后与未使用前的初始清水通量比较,将水力清洗后的中空纤维膜放入MBR反应器中,连续运行并测定稳定后的膜通量。

化学清洗具体操作方法:将中空纤维膜取出用清水冲洗,然后将其放置于0.5% NaClO溶液,浸泡24小时,用清水冲洗,再测定化学清洗后的膜清水通量,与未使用前的初始清水通量比较,将清洗后的中空纤维膜放入MBR反应器中,连续运行并测定稳定后的膜通量。

5. 实验数据及结果整理

(1)MBR 对 COD 及氨氮的去除效果

①记录实验基本参数。

实验日期__年__月__日

压力__KPa;温度__℃;DO __mg/L;MLSS __mg/L;pH 值__;膜面积__m^2。

②实验记录如表 5-22 所示。

表 5-22　MBR 对 COD 及氨氮去除效果记录表

时间/d	进水 COD	出水 COD	COD 去除率/%	进水氨氮	出水氨氮	氨氮去除率/%
1						
2						
3						
4						
5						
6						
7						
8						

(2)MBR 在恒压过滤过程中通量的变化

①记录实验基本参数。

实验日期__年__月__日

压力__KPa;温度__℃;DO __mg/L;MLSS __mg/L;pH 值__;膜面积__m^2。

②实验记录如表 5-23 所示。

表 5-23　MBR 在恒压过滤过程中通量变化记录表

时间/min	0.01MPa		0.02MPa		0.03MPa		0.04MPa		0.05MPa	
	滤过液/mL	通量/$L\cdot m^{-2}\cdot h^{-1}$	滤过液/mL	通量/$L\cdot m^{-2}\cdot h^{-1}$	滤过液/mL	通量/$L\cdot m^{-2}\cdot h^{-1}$	滤过液/mL	通量/$L\cdot m^{-2}\cdot h^{-1}$	滤过液/mL	通量/$L\cdot m^{-2}\cdot h^{-1}$
10										
20										
30										
40										
50										
60										
70										
80										
90										
100										

(3)比较物理清洗和化学清洗对膜通量的恢复情况

①记录实验基本参数。

实验日期__年__月__日

压力__KPa;温度__℃;DO __mg/L;MLSS __mg/L;pH 值__;膜面积__m^2。

②实验记录如表 5 - 24 所示。

表 5 - 24 物理清洗和化学清洗对膜通量恢复情况记录表

时间/min	0.01MPa		0.02MPa		0.03MPa		0.04MPa		0.05MPa	
	滤过液/mL	通量/L·m^{-2}·h^{-1}	滤过液/mL	通量/L·m^{-2}·h^{-1}	滤过液/mL	通量/L·m^{-2}·h^{-1}	滤过液/mL	通量/L·m^{-2}·h^{-1}	滤过液/mL	通量/L·m^{-2}·h^{-1}
10										
20										
30										
40										
50										
60										
70										
80										
90										
100										

(4)对数据进行整理并作图

MBR 对 COD 去除效果随时间的变化图;MBR 对氨氮去除效果随时间的变化图;MBR 的过滤通量随操作压力的变化图;MBR 清洗前后膜通量恢复效果对比图。

6. 思考题

①实验过程中哪些因素对 MBR 去除 COD 影响较大?

②实验过程中哪些因素对 MBR 去除氨氮影响较大?

③对膜进行物理清洗和化学清洗是否能使膜恢复如初?哪种方法更为有效?

④在日常维护时应特别注意哪些事项?

实验十　含盐废水离子交换软化实验

1. 试验目的

①加深对离子交换基本理论的理解。

②了解并掌握离子交换法软化实验装置的操作方法。

③学会测定离子交换树脂工作交换容量。

④进一步熟悉水的硬度的测定方法。

2.试验原理

当含钙盐及镁盐的水通过装有阳离子交换树脂的交换器时，水中的 Ca^{2+}、Mg^{2+} 等致硬离子便与树脂中的可交换离子(Na^+ 或 H^+)交换，使水中的含量降低或基本上全部去除，这即为水的软化，而树脂失效后要进行再生。

(1) 离子交换软化

离子交换法是软化的基本方法之一，离子交换的实质是不溶性离子化合物(离子交换剂)上的可交换离子与溶液中的其它同性离子的交换反应，是一种特殊的吸附过程，通常是可逆性化学吸附。离子交换树脂是由空间网状结构骨架(母体)与附着在骨架上的众多活性基团所构成的不溶性高分子化合物，属于有机离子交换剂的一种。

水的离子交换软化反应，表达式：

$$RNa + Ca^{2+} \underset{再生}{\overset{交换}{\rightleftharpoons}} R_2 Ca + 2Na^+$$

离子交换吸附能力，在其他条件相同时，常用的强酸型阳离子树脂对各种阳离子的选择顺序，即交换能力大小顺序如下：

$$Fe^{3+} > Al^{3+} > Ca^{2+} > Mg^{2+} > K^+ > NH_4^+ > Na^+ > H^+ > Li^+$$

位于顺序前列的离子可以从树脂上取代位于后边的离子。

应用离子交换进行软化时，通常都将离子交换树脂装填在一个反应柱内，原水按一定方向流经柱内树脂层，进行交换反应。当原水中只有一种主要待交换离子时，原水由上向下流过树脂层，水中离子先与上部树脂层中的离子进行交换，直到形成一定厚度的交换工作带(交换带)。随着反应的连续进行(连续过水)，此交换带逐渐向下移动，当交换带的下沿到达交换柱的底部时，待交换离子开始泄漏。此时交换柱上层为树脂已基本饱和的饱和层，最底部为与交换带厚度基本相同的保护层，保护层中的树脂只部分被利用。

离子交换反应为可逆反应，遵守质量作用定律。离子交换技术就是基于等当量交换与可逆反应来进行交换与再生的。交换运行达到饱和的树脂需要进行再生处理以保证连续运行。树脂的再生是利用交换的逆反应，通过提供高浓度再生液，改变液相离子总浓度进而改变交换反应方向，达到洗脱树脂上所交换的离子，从而达到恢复交换能力(再生)的目的。对钠离子树脂的再生一般采用食盐溶液。

(2) 离子交换树脂的交换容量

离子交换树脂的交换容量表示树脂中可交换离子量的多少，是交换树脂的最重要技术指标。交换容量分为全交换容量和工作交换容量。

全交换容量：离子交换树脂中所有活性基团全部被再生可交换的离子的总量，此值取决于离子交换树脂内部组成，是一个固定常数，它可以通过滴定法测定，也可以通过理论计算得到。

工作交换容量：在交换过程中，实际起到交换作用的可交换离子总量。这是实际工程运转中所利用的交换容量，与运行条件如再生方式、原水水质、原水流量以及树脂层厚度有关。

3. 试验仪器装置和材料

(1)仪器

原水箱(V=160L)和提升泵、离子交换柱(内装 RNa 树脂，层厚 25～30 cm)、转子流量计、出水箱等。实验装置如图 5-19 所示。

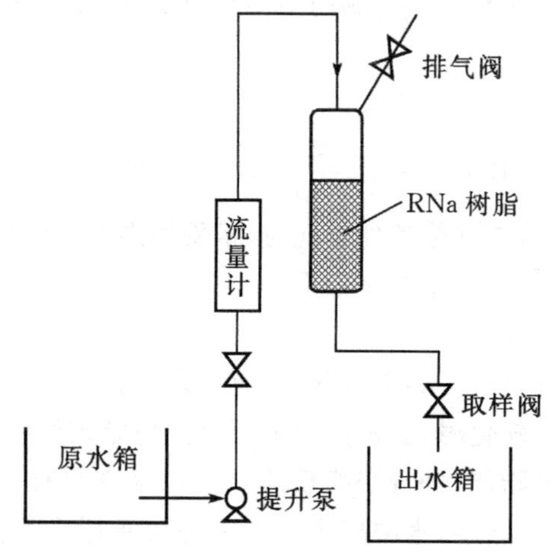

图 5-19　实验装置示意图

(注：只表示交换软化进水部分，未表示树脂再生部分)

(2)器皿及试剂

烧杯(200 mL 5 个、1000 mL1 个)、锥形瓶(150 mL 6 个)、移液管(50 mL 1 支)。EDTA 标准溶液(0.02 mol/L)、铬黑 T 指示剂、pH=10 的缓冲溶液($NH_3 \cdot H_2O-NH_4Cl$)。

4. 实验步骤

(1) 原水的配置及其硬度测定

①用天平称量 $CaCl_2$(化学纯)83 g 于 500 mL 烧杯中溶解。原水箱中充满自来水，将上述 $CaCl_2$ 溶液倒入，启动提升泵，使箱内水循环搅拌 5 min。取水样 300 mL，测定原水硬度 H_0。

②硬度测定(EDTA 法,即配位滴定法)。

用移液管吸取水样 50 mL,放入 150 mL 锥形瓶中。加入 2 mL $NH_3 \cdot H_2O$—NH_4Cl 缓冲溶液及 5 滴铬黑 T 指示剂,立即用 EDTA 标准溶液滴定至溶液由酒红色变为蓝色,即为终点。平行测定三次,记录 EDTA 溶液的用量,计算原水的硬度,以 mmol/L 表示结果。

(2) 交换软化

将原水加压送进交换柱内,开启排气阀排气,并调节流量计出水阀,使滤速控制在 υ=30 m/h(对∅30 mm 交换柱,Q=21 L/h;对∅40 mm 交换柱,Q=30 L/h),开始计时,按表 5-25 取出水样 300 mL,并测定硬度。

(3)进再生液(再生液 NaCl 浓度为 5%)

①关闭柱上原水阀,开启排气阀,将柱内原水排至树脂层上约 5 cm 处。

②关闭流量计出水阀,开启进再生液阀,使再生液进入柱内,高度为树脂层高的 1.5～1.6 倍,关闭进再生液阀。

③控制再生液流速 υ=6 m/h(对∅30 mm 交换柱,Q=4.2 L/h;对∅40 mm 交换柱,Q=9.6 L/h),约需 10 min 再生时间,并将全部再生排出液收集在 1000 mL 烧杯中。

(4) 进置换水

①向柱内注入软化水,约为两倍树脂体积。

②控制置换水流速 υ=6 m/h,让其通过树脂层,并将排出液收集在上述 1000 mL烧杯中,计其体积 $V_{排}$。

③测出烧杯中排出液硬度 H_c(稀释 40 倍滴定)。

5. 试验数据及结果整理

(1)填写如表 5-25 所示实验记录表

表 5-25　原水的硬度测定

	原水样		
测定次数	1	2	3
滴定管终点读数/mL			
滴定管初读数/mL			
EDTA 溶液耗用体积/mL			
EDTA 溶液耗用体积平均值/mL			
原水硬度 H_0/(mmol/L)			

(2) 绘制出水硬度变化曲线

依据表 5-26 画出离子交换柱硬度泄漏曲线(出水硬度变化曲线),并找出泄

漏点 a 和对应时间 t_a(min)。

表 5-26　离子交换软化运行记录表

滴定时所用的 EDTA 体积/mL	出水水样	软化时间					
	水样 1	10 min	15 min	20 min	25 min	30 min	35 min
	水样 2						
	平均值						
不同运行时刻出水硬度 H_c /(mmol/L)							

(3) 计算树脂工作交换容量

①根据上述泄漏曲线计算

$$E_t = \frac{(H_0 - H_c)Qt_0/60}{V_{树脂}}$$

式中：H_0——原水的硬度，mmol/L ;

H_c——再生和置换时的排出液的硬度，mmol/L ;

Q ——交换软化时的流速，L/h ;

t_0 ——泄漏时间，min;

$V_{树脂}$——离子交换树脂的体积，L。

②根据再生时收集的排放液硬度计算

$$E_2 = \frac{H_c/V_{排}}{V_{树脂}}$$

式中：H_c——再生和置换时的排出液的硬度，mmol/L ;

$V_{排}$——再生和置换时的排出液的体积，L ;

$V_{树脂}$——离子交换树脂的体积，L。

③验算，要求

$$\eta = \left|\frac{E_1 - E_2}{E_1 + E_2}\right| \leqslant 3\%$$

(4) 计算再生剂消耗量(树脂层再生一次时 NaCl 的用量)

$$L = V_{再生液} \times 51.775$$

式中：$V_{再生液}$——再生液体积，L ;

51.775——换算系数，g/L。

(5) 计算再生剂比耗 n

$$n = \frac{L \times 1000/58.5}{(E_1 + E_2)/2}$$

(6)计算硬度

$$总硬度(CaO,mmol/L) = \frac{V \cdot M \times 2 \times 1000}{V_{水样}}$$

式中:V——EDTA 滴定液体积,mL ;

M——EDTA 滴定液摩尔浓度,mol/L ;

$V_{水样}$——水样体积,mL。

6.思考题

①影响再生剂用量的因素有哪些?再生液的浓度过高或过低有何不利?

②实验中影响出水硬度的因素有哪些?

③实验中发现什么问题?有何进一步设想?

第 6 章　应用性实验

实验一　Fenton 氧化法处理有机废水实验

1. 试验目的

①掌握 Fenton 实验操作方法，观测反应前后水中典型有机染料的变化情况。

②测定 Fenton 试剂处理前后的水样相应指标，分析有机污染物的氧化降解效果。

2. 试验原理

使用 Fenton 试剂进行的氧化处理废水的工艺称为 Fenton 氧化法，Fenton 试剂是过氧化氢和亚铁盐的组合。Fenton 试剂具有很强的氧化性，能氧化多种有毒有害难降解有机污染物的废水，具有一般化学氧化法无法比拟的优点。其实质是 H_2O_2 在 Fe^{2+} 的催化作用下产生具有高反应活性的羟基自由基（·OH）

$$Fe^{2+} + H_2O_2 \rightarrow Fe^{3+} + OH^- + \cdot OH$$

产生的羟基自由基能无选择地攻击有机分子，使其氧化分解为容易处理的物质。与一般化学氧化法相比，Fenton 氧化技术具有设备简单、反应条件温和、操作方便、高效等优点。因此，Fenton 试剂法作为一种高级化学氧化法，已成功运用于多种工业废水的处理。Fenton 试剂既可单独作为一种处理方法氧化有机废水，亦可与其他方法联用，实现用较低的运行费用达到较高的水处理效率。传统 Fenton 试剂法存在 H_2O_2 利用率不高，有机污染物降解不完全等缺点；另外，H_2O_2 的价格较高，也制约了这一方法的广泛应用。随着研究的深入，人们开发出一系列有针对性的类 Fenton 氧化法，主要包括了将紫外光或可见光引入体系的光-Fenton 法，还有将 Fenton 和电解反应结合在一个反应器内进行的电-Fenton 法，其基本原理与 Fenton 反应类似。

本实验以难降解的模拟罗丹明 B 染料废水为处理对象，溶液中的罗丹明 B 的生色基团会被 Fenton 反应氧化去除，从而实现了脱色的目的。

3. 试验仪器、装置和试剂

紫外-可见分光光度计、磁力搅拌器、pH 计、电子天平、容量瓶、烧杯等。H_2O_2（30%，分析纯）、硫酸亚铁（分析纯）、罗丹明 B(分析纯)、稀硫酸溶液(0.5 mol / L)、氢氧化钠溶液(1 mol / L)。

4. 实验步骤

①罗丹明B溶液的配制　准确称量罗丹明B 100 mg于烧杯中溶解,用蒸馏水定容于1000 mL容量瓶中,待用。

②罗丹明B溶液的浓度-吸光度工作曲线绘制　取一定量上述的罗丹明B溶液,将溶液稀释2倍、5倍、10倍、20倍,通过紫外-可见分光光度计在550 nm波长处测定获得5组浓度c-吸光度A数据,制作c-A曲线。通过测定样品吸光度,得染料浓度。

③配制$FeSO_4$溶液　准确称量5 g $FeSO_4 \cdot 7H_2O$,溶于1000 mL容量瓶中,定容待用。

④ 配制H_2O_2溶液　用移液管准确量取30 %的H_2O_2 3.7 mL,溶于1000 mL容量瓶中,定容待用(硫酸亚铁和过氧化氢溶液均要现用现配)。

⑤模拟水样的制备　取100 mg / L罗丹明B溶液200 mL于烧杯中,用稀硫酸或氢氧化钠溶液调节模拟水样的初始pH值为3.0左右。

⑥Fenton试剂氧化降解模拟废水试验　用移液管向模拟水样加入$FeSO_4$溶液5 mL和H_2O_2溶液7.5 mL,置于磁力搅拌器上搅拌,开始计时,每隔5～10 min取水样测定其吸光度。

5. 试验数据及结果整理

①填写实验记录表6-1。

表6-1　Fenton试剂氧化降解染料废水数据记录表

温度:________　Fenton试剂投加量:________　溶液pH值:________

反应时间 / min	染料水样吸光度	脱色率E_t/(%)

附注:模拟水样的脱色率的计算:$E_t = \frac{A_0 - A_t}{A_0} \times 100\%$

式中:E_t——处理到t时刻时的染料废水的脱色率;

A_0——染料废水初始浓度的吸光度;

A_t——处理到 t 时刻时的染料废水的吸光度。

②由表中数据绘制各指标变化曲线。

③改变反应条件如过氧化氢添加量、硫酸亚铁添加量、初始 pH 值以及罗丹明 B 的初始浓度，反复测试记录上述实验数据，分析总结各工艺参数对废水处理效率的影响。

6. 思考题

①溶液 pH 值对 Fenton 反应有何影响？这种影响是如何造成的？

②有何其他措施可以进一步提高 Fenton 反应的氧化效果？

③改变罗丹明 B 的初始浓度，有机物浓度对 Fenton 反应有何影响？

实验二　生物吸附法去除重金属实验

1. 实验目的

掌握生物吸附法去除重金属离子的方法。

2. 实验原理

铬是一种典型的重金属污染物，铬的毒性与其存在的价态有关，通常认为 Cr(Ⅵ)比 Cr(Ⅲ)的毒性大 100 倍，Cr(Ⅵ)更容易被人体吸收并在体内积蓄，对皮肤有刺激作用，能使皮肤溃疡。体内铬过多会得白血病。长期接触铬化合物，会引起铬慢性中毒，胃肠溃疡病及胃、肝病等。铬可以用生物吸附法处理，在此工艺中，除常见的吸附温度、时间、pH 值等因素对吸附效果影响较大外，生物吸附剂的处理方法对吸附剂的性能也有较大的影响。

生物吸附法一般是指利用微生物材料吸附去除水体中的重金属污染物。生物吸附法以其原材料来源丰富、成本低、吸附速度快、吸附量大、选择性好等优势受到越来越多的重视，尤其在低浓度废水处理中具有独特优势。在后处理时，用一般的化学方法如调节 pH，加入解吸剂，就可以解吸生物吸附剂上的重金属离子，回收吸附剂，以循环利用。因此，微生物吸附法处理重金属废水，不仅在工程上可行，而且在经济上很有吸引力，具有良好的社会效益、环境效益和经济效益，是一种很有潜力的重金属废水处理方法。

生物吸附的机理主要有络合、螯合、离子交换、转化、吸收和无机微沉淀等。一般来说，这些机理可以单独起作用，也可以与其他机理结合在一起发挥作用，这取决于吸附过程的条件和环境。

在原核生物和真核生物的表面，含有与金属离子发生作用的各种活性基团，这些活性基团一般来自磷酸盐、胺、蛋白质和各种碳水化合物，其分子内含有的 N、

P、S和O等电负性较大的原子或基团，能与金属离子发生螯合或络合作用。如几丁质和脱乙酰几丁质上的大量磷酸盐和葡萄糖醛酸，它们可以通过各种机制与金属离子结合，其中磷酸、羧基以及蛋白质和几丁质上的含N配位体对金属离子都有很强的配位络合能力。

金属离子还可以离子交换的方式与细胞表面的基团结合。如多糖是褐藻和红藻的结构成分，大多数天然存在的海藻多糖是以Na^{+}、K^{+}、Ca^{2+}、Mg^{2+}的盐形式存在的。二价金属离子能够与这些多糖的阳离子发生离子交换。离子交换过程常受溶液pH值、菌种及其生长条件和重金属离子的种类等影响，一般过渡金属被优先吸收，而碱金属、镁、钙则不被吸收。

细胞转化是指微生物通过氧化还原、甲基化和去甲基化等作用将毒性重金属离子转化为无毒性的物质或沉淀，微生物转化作用与代谢和酶有关。细胞吸收主要有主动吸收和被动吸附两种形式，主动吸收是指活体细胞的主动吸收，含有传输和沉淀两个过程，这种方式吸收金属离子需要代谢活动提供能量，一般只对特定元素起作用，而且速度较慢。被动吸附是指细胞表面覆盖的胞外聚合物、细胞壁上的磷酸根、羧基、巯基、氨基、羟基等官能团以及细胞内的一些化学基团与金属间的结合。这一过程速度较快，在微生物处理重金属废水过程中，被动吸附是细胞吸收的主要形式。

重金属离子能在细胞壁上或细胞内形成无机微沉淀，它们以磷盐、硫酸盐、碳酸盐或氢氧化物等形式通过晶核作用在细胞壁上或细胞内沉淀下来。

3. 实验仪器设备和材料

电热干燥箱、冰箱、生化培养箱、六联装搅拌器、电热恒温水浴锅、双层空气恒温振荡、净化工作台、可见光分光光度计、酸度计、压力蒸汽消毒器、电子天平、生物显微镜、磁力加热搅拌机，锥形瓶、烧瓶、搅拌棒、离心管若干。

啤酒厂啤酒发酵液、磷酸二氢钾、乙醇、磷酸氢二钾、氯化钙、硫酸、磷酸、盐酸、硫酸镁、重铬酸钾、氯化钠等。按实验要求，预先配置四种培养基，如下所述。

①固体麦芽汁培养基　在麦芽汁中加2%琼脂，121 ℃灭菌20 min，制成平板和斜面。平板用于啤酒酵母的分离筛选，斜面用于菌种保藏。

②液体麦芽汁培养基　麦芽汁分装在250 mL锥形瓶中，装液量为60 mL，用牛皮纸包扎好，121 ℃灭菌20 min。用于啤酒酵母的富集培养和扩大培养。

③驯化麦芽汁培养基　麦芽汁分装在250 mL锥形瓶中，装液量为60 mL，分别添加一定浓度Cr(Ⅵ)溶液，用牛皮纸包扎好，121 ℃灭菌20 min。用于啤酒酵母的驯化培养。

④含铬固体麦芽汁培养基　麦芽汁分装在大试管中，装液量4～5 mL，分别加入Cr(VI)溶液，用牛皮纸包扎好，121 ℃灭菌30 min，制成斜面。用于驯化后啤酒

酵母的菌种保藏。

4.实验操作步骤

(1)菌体的培养

①菌体的富集　将啤酒发酵液用液体麦芽汁培养基进行富集培养,富集4次后,采用平板划线法分离提纯菌种,连续划线2次,得到较纯的啤酒酵母,将其接种于斜面培养基,保存在4℃冰箱中。

②平板制作　将20mL溶化的营养琼脂培养基冷却至50℃左右,按无菌操作倒入培养皿内。如有冷凝水,倒置于30~37℃恒温培养箱内,使之干燥。

③单菌落平板划线　挑一点菌苔,在上述无冷凝水的平板侧边缘处,反复涂抹在直径为1 cm大小的面积上,灼烧接种环,冷却后,从上述涂菌处划出7~8条直线,前3~4条线从涂菌处划出,后3~4条线可不通过涂菌处,划线时接种环与平板表面成30°~40°角,轻轻接触不要使接种环划破表面。上述灼烧、划线操作重复数次,以划满整个平板为宜。倒置平板,于28℃培养1~2天,出现单菌落。

④菌落形态的观察　啤酒酵母在麦芽汁固体培养基上菌落呈乳白色,圆形不透明,有光泽,菌落表面光滑、湿润,边缘整齐。随着培养时间的延长,菌落光泽逐渐变暗。菌落一般较厚,易被接种针挑起。啤酒酵母在液体麦芽汁培养基中会产生泡沫,呈浑浊状。

⑤斜面培养基的制作　将装有已灭菌培养基的试管从压力蒸汽消毒器中取出,趁热斜置在木棒或橡皮管上,使试管内的培养基斜面长度为试管长度的1/3~1/2之间,待培养基凝固后即成。

(2)菌体的预处理

以蒸馏水洗涤3次然后离心(5000 r/min离心,10 min,下同),将0.085 g的微生物菌体分别浸泡于0.1 mol/L的10 mLNaCl、0.1 mol/L的10 mLHCl或30%的乙醇中40 min(28 ℃下),然后用蒸馏水洗涤3次,离心备用,以未处理的菌体为对照。

(3)吸附实验

①pH值的影响　取若干50 mL锥形瓶,Cr(VI)浓度为20 mg/L的溶液。测初始pH值,然后调节pH值(25℃)分别为3、4、5、6、7、8、9,分别投加处理后的菌体和未经处理的菌体,145r/min摇床反应60 min,再测其吸附后pH值,离心分离取上清液测吸光度。

②吸附时间的影响　Cr(VI)浓度20mg/L(25℃),分别投加处理后的菌体和未处理的菌体,反应5min、10min、20min、30min、60min,离心分离取上清液测吸光度。

③Cr(VI)浓度的影响　Cr(VI)浓度为10、15、20、25、30、35mg/L(25℃),分

别投加处理后的菌体和未经处理的菌体，145 r/min 摇床反应 60 min，离心分离取上清液测吸光度。

(4)重金属解吸实验

将吸附了重金属的微生物菌体投加到 0.1 mol/L Na_2CO_3、0.1 mol/L CH_3COOK、0.1 mol/L EDTA 或 HCl 溶液中，调节 pH 值为 2，在 30℃下解吸 60 min，使用蒸馏水对解吸后的菌体洗涤 3 次，离心后备用。

5. 实验数据及结果整理

(1)pH 值的影响

pH 值的影响实验数据记录于表 6-2 中。

表 6-2 不同 pH 值吸附量

起始 pH 值	预处理微生物			未预处理微生物		
	初始浓度	平衡浓度	去除率	初始浓度	平衡浓度	去除率
3	20 mg/L			20 mg/L		
4	20 mg/L			20 mg/L		
5	20 mg/L			20 mg/L		
6	20 mg/L			20 mg/L		
7	20 mg/L			20 mg/L		
8	20 mg/L			20 mg/L		
9	20 mg/L			20 mg/L		

(2)吸附时间对吸附的影响

吸附时间对吸附的影响实验数据记录于表 6-3 中。

表 6-3 不同吸附时间吸附量

反应时间	预处理微生物			未预处理微生物		
	初始浓度	平衡浓度	去除率	初始浓度	平衡浓度	去除率
5 min	20 mg/L			20 mg/L		
10 min	20 mg/L			20 mg/L		
20 min	20 mg/L			20 mg/L		
30 min	20 mg/L			20 mg/L		
60 min	20 mg/L			20 mg/L		

(3)不同 Cr(Ⅵ)浓度对吸附的影响

不同 Cr(VI)浓度对吸附的影响实验数据记录于表 6-4 中。

表 6-4　不同初始浓度吸附量

反应时间	预处理微生物			未预处理微生物		
	初始浓度	平衡浓度	去除率	初始浓度	平衡浓度	去除率
60 min	10mg/L			10 mg/L		
60 min	15 mg/L			15 mg/L		
60 min	20 mg/L			20 mg/L		
60 min	25 mg/L			25 mg/L		
60 min	30 mg/L			30 mg/L		
60 min	35 mg/L			35 mg/L		

6. 思考题

①比较不同处理方法的菌体对 Cr(Ⅵ)去除效率的差异,分析为什么会有这种差异?

②思考生物吸附去除重金属离子,吸附后的生物体如何处理?

实验三　土地快速渗滤处理城市污水实验

1. 实验目的

①掌握土地快速渗滤处理污水的基本原理。

②了解土地快速渗滤系统对 COD、氨氮的去除效果。

③了解各项测试参数对系统处理污水效果的影响。

2. 实验原理

污水土地处理系统是指利用农田、林地等土壤－微生物－植物构成的陆地生态系统对污染物进行综合净化处理的生态工程,当前,污水土地处理系统常用的工艺有慢速渗滤系统、快速渗滤系统、地表漫流系统、湿地系统和地下渗滤处理系统。污水土地处理系统的净化过程包括物理过滤、物理吸附与沉积、物理化学吸附、化学反应与沉淀、微生物的代谢与有机物的降解等过程,是一个十分复杂的综合净化过程。污水的快速渗滤土地处理是有控制的将污水投放于渗透性较好的土地表面,使其向地下渗透的过程中经历不同的物理、化学和生物作用,最终达到污水净化目标的过程。

快速渗滤系统的净化功能取决于污水中的主要污染因子与土地系统之间的相

互作用。一般认为主要污染因子的去除机制是病原体经过滤、吸附、干燥和吞噬；磷经吸附和沉淀；悬浮固体经过滤；重金属经吸附和沉淀；有机质经挥发、生物和化学降解；COD、BOD的去除主要是通过挥发、吸附、化学转化和生物降解等作用分别去除。土壤中微生物的繁殖主要是靠土壤中含有大量的有机物，微生物大量繁殖以后又进一步吸附，从而形成由菌胶团和大量真菌菌丝组成的生物膜。随着有机物的不断降解，微生物新陈代谢持续进行，生物膜不断更新，这也使得生物膜能长期保持对污染物的去除作用。土壤中的氮主要是以有机氮和氨或者铵离子的形式存在，经过常规处理以后，只有一小部分氮被硝化，大部分都以氨态氮形式存在于污水中，土地快滤系统主要是通过硝化一反硝化作用，在好氧条件下，氨氮被氧化成硝酸盐，在厌氧条件下，硝酸盐被转化成氮气去除。由于氮的去除效果受多方面因素的影响，目前大多数系统对氮的去除率一般在50%～70%。

土地快速渗滤系统对污染物的去除性能受多方面因素的影响，主要包括：土壤层的物理性质、化学性质、温度、配水周期、湿干比及水力负荷等。土壤的物理性质主要包括土壤质地、结构、颜色、孔隙度、湿度、空气和水分以及土壤的通透性指标。它们能从较大程度上影响土地处理系统的设计和运行；土壤的化学性质对土地处理有较大影响的指标主要有Eh值、土壤胶体、土壤有机质以及pH值等。在土地快速渗滤系统中，介质的选择尤为重要，它直接决定系统的渗透性能、水力负荷等方面的因素，水力负荷直接影响系统处理能力的大小，土地快速渗滤系统中的水力负荷是指单位时间单位面积所流经的水量。水力负荷的大小取决于土壤入渗率和渗透系数。

3. 试验仪器、装置和试剂

自制人工快速渗滤模拟柱如图6-1所示。

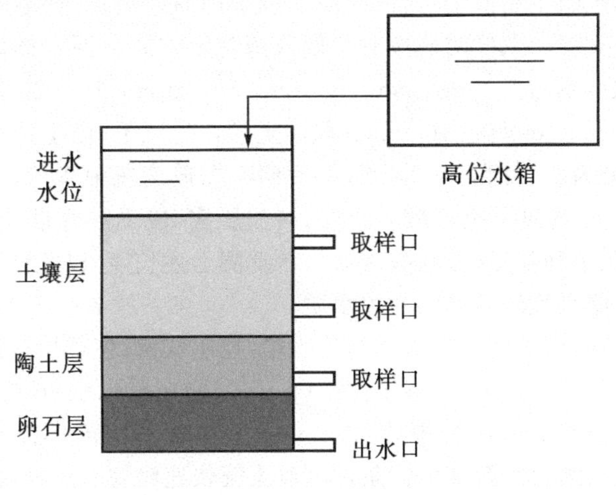

图6-1　人工快速渗滤模拟柱

模拟柱由有机玻璃制成，内径 15 cm，柱高 170 cm，结构分为：蓄水、填料和垫层三部分。

(1)进水系统

该系统由液位控制系统控制，填料层上方水面保持 10～25 cm，即如果液面达到填料介质以上 25 cm 时，系统自动停止加水，如果填料层以上液面低于 10 cm 时，系统自动进水。该实验在室温下进行。

(2)填料层

填料层一般由土壤和石英砂混合而成，石英砂的粒径为 2～4 mm，土壤和石英砂的比例可以选择 1∶1，2∶1，3∶1 三种比例，填料层的高度为 100 cm。

(3)垫层

垫层一般由陶土和卵石组成，高度约为 20 cm，出水口设在柱子侧面。

(4)运行方式

主要运行参数为水力负荷和湿干比，系统处理能力的大小由水力负荷来决定，系统的富氧效果由湿干比来决定，水力负荷可按 0.41～0.73 $m^3/(m^2 \cdot d)$，湿干比按 1/3～8/3 运行。

实验测试项目主要包括温度、流量、pH 值、悬浮固体、COD、总氮、氨氮。每周期测试一次。

4. 实验操作步骤

(1)人工快滤系统的装填

首先填充过滤垫层，称取一定质量的陶土和卵石，分别用酸和清水反复冲洗，晾干后填入土柱，这便是过滤垫层，该层的土上界面加双层滤网。采用四分法取样，对于需要测定微生物的土样，取样前一般采用酒精消毒，然后再以无菌工具和容器按无菌操作取样，取样时应按对角线或梅花形方式取混合样以保证所取样品具有代表性，取样深度为 0～1 cm、1～5 cm、5～10 cm、10～20 cm、20～40 cm、40～60 cm、60～80 cm、80～100 cm。取回土样首先风干(微生物测定例外)，按测定项目不同可分为 40 目和 100 目筛，然后储存在玻璃瓶中待用。分段填土柱，每次称取 800 g 左右的风干土样填入土柱，稍加压实，使土的容量接近天然状态，记录填土土样的质量和长度，并在数次淹水后重测上述长度，以此计算土的容量。

(2)土壤快滤系统的启动和进水水质

将人工配好的城市污水加入到高位水箱，控制流速，使得快速渗滤实验装置的水力负荷在 0.2 $m^3/(m^2 \cdot d)$，湿干比 1∶5，定时测定出水水质。进水水质可参考 pH=7，COD 约 300 mg/L，氨氮约 50 mg/L，总氮约 80 mg/L，总磷约 6 mg/L。

(3)湿干比和水力负荷在不同条件下对土壤快速渗滤系统处理效果的影响

将湿干比和水力负荷作为控制条件，按湿干比(1∶5，1∶3，1∶1)将实验分为三个阶段，当控制湿干比不变时，由低到高逐渐提高水力负荷（0.4，0.6，0.8 $m^3/(m^2 \cdot d)$），定时取样分析，确定其处理效果。

5. 实验数据及结果整理

①当湿干比为 1∶5 时实验运行结果记录　根据不同水力负荷 0.4、0.6 、0.8 $m^3/(m^2 \cdot d)$，分别运行 1 周期，取样测定各取样点水质，汇总如表 6－5 所示。

表 6－5　不同水力负荷下各个取样点的水质测定结果

项目	COD	NH_3-N	TN
水力负荷 0.4 $m^3/(m^2 \cdot d)$	进水		
	取样口 1		
	取样口 2		
	取样口 3		
	出水		
水力负荷 0.6 $m^3/(m^2 \cdot d)$	进水		
	取样口 1		
	取样口 2		
	取样口 3		
	出水		
水力负荷 0.8 $m^3/(m^2 \cdot d)$	进水		
	取样口 1		
	取样口 2		
	取样口 3		
	出水		

②改变湿干比分别为 1∶3 和 1∶1，分别运行试验并以同样格式记录实验结果。

③对不同湿干比、水力负荷条件下的实验结果汇总整理，作图，包括湿干比对土地快速渗滤系统运行性能的影响；水力负荷对土地快速渗滤系统运行性能的影响；土地快速渗滤系统对 COD、氨氮的去除效率随时间的变化。

6. 思考题

①在实验范围内，水力负荷及湿干比对系统有影响，应如何选择最适操作参数？

②如果土地快速渗滤系统堵塞应如何处理？

③如何有效对系统进行维护？

实验四　厌氧污泥产甲烷活性的测定实验

1. 实验目的

在有机废物和高浓度有机废水处理工艺中，厌氧生物处理技术以其工艺稳定、运行简单、减少污泥处置费用、可以产生燃料气体甲烷等优点而受到广泛关注，其应用日渐广泛。在厌氧处理过程中，污泥的产甲烷活性这一指标广泛地用于厌氧消化的种泥质量评价、不同底物的厌氧微生物可降解性测定、厌氧消化状态跟踪、极限负荷预测以及批量动力学参数评价等。

本实验的目的是：

①加深厌氧污泥活性概念的理解；

②掌握史氏发酵管间歇培养法测定厌氧污泥产甲烷活性的操作。

2. 实验原理

厌氧污泥的产甲烷活性（Specific Methanogenic Activity，简称 SMA）是指单位重量的污泥（以 VSS 计）在单位时间内所能产生的甲烷量，或者，是指单位质量的厌氧污泥（以 VSS 计）在单位时间内最多能去除的有机物（以 COD 计）。SMA 可以反映出污泥所具有的去除 COD 及产生甲烷的潜力，是污泥品质的重要参数。因此，厌氧污泥活性一般可以用两个参数测量，即最大比产甲烷速率和最大比 COD 去除率。二者的定义分别如下：

最大比产甲烷速率（U_{max,CH_4}）：单位质量的厌氧污泥在单位时间内的最大产甲烷量（$mLCH_4 \cdot gVSS^{-1} \cdot d^{-1}$）；

最大比 COD 去除速率（$U_{max,COD}$）：单位质量的厌氧污泥在单位时间内的最大的 COD 降解量（$gCOD \cdot gVSS^{-1} \cdot d^{-1}$）。

厌氧生物处理过程中的有机物降解速率或甲烷生成速率可用 Monod 方程来描述，即

$$-\frac{dS}{dt}=\frac{U_{max,COD} \cdot S \cdot X}{K_s+S} \tag{6-1}$$

式中：S ——有机物浓度，$gCOD \cdot L^{-1}$；

t ——时间，d；

$U_{max,COD}$——最大比底物降解速度，d^{-1}；

X——微生物或污泥浓度，$gVSS \cdot L^{-1}$；

K_s——饱和常数，$gCOD \cdot L^{-1}$。

甲烷的产生速率与有机物的降解速率成正比，即

$$\frac{dV_{CH_4}}{dt} = Y_g \cdot V \cdot (-\frac{dS}{dt}) \tag{6-2}$$

式中：V_{CH_4}——间歇反应开始后的积累甲烷产量，mL；

V——间歇反应器的反应区容积，L；

$$Y_g = \frac{V_{CH_4}}{(S_0 - S)V} \cdot \frac{T_0}{T_1} \tag{6-3}$$

式中：Y_g——底物的甲烷转化系数，$mLCH_4 \cdot gCOD^{-1}$；

S_0——培养瓶内初始 COD 浓度，$g \cdot L^1$；

S——与累积甲烷产量相对应的培养瓶内残留 COD 浓度，$g \cdot L^{-1}$；

T_0——标准状况对应的绝对温度，273K；

T_1——甲烷体积测试实验环境的绝对温度，K。

由式(6-1)和式(6-2)得

$$\frac{dV_{CH_4}}{dt} = \frac{Y_g \cdot V \cdot U_{max,COD} \cdot S \cdot X}{K_s + S} \tag{6-4}$$

因为厌氧细菌的世代周期一般相对很长，细胞合成速度慢，在短期内(1～2d)可以认为厌氧微生物的生物量不会发生变化，即式(6-4)中的 X 可以认为是一个常数。同时，由于在反应初期底物浓度很高，即可以认为 $S \gg K_s$，此时式(6-4)就可以简化为

$$\frac{dV_{CH4}}{dt} = (Y_g \cdot U_{max,COD} \cdot V \cdot X) = U_{max,CH_4} \cdot V \cdot X \tag{6-5}$$

$$\frac{1}{V \cdot X} \cdot \frac{dV_{CH_4}}{dt} = U_{max,CH_4} \tag{6-6}$$

式(6-5)和式(6-6)中的 U_{max,CH_4} 即厌氧污泥的最大比产甲烷速率。从式(6-6)可知，只要能够通过试验求得某种污泥的产甲烷速率 $\frac{d_{VCH_4}}{dt}$，就可以得到该种污泥的最大比产甲烷速率，即其活性。

从 U_{max,CH_4} 可进一步推算衡量厌氧污泥活性的另一个指标，即最大比 COD 去除速率($U_{max,COD}$)。

$$U_{max,COD} = \frac{U_{max,CH_4}}{Y_g} \tag{6-7}$$

欲测定厌氧污泥的产甲烷速率 $\frac{dV_{CH_4}}{dt}$，需获取逐时累积产甲烷量。实验可以在封闭的系统内进行，使产生的气体主要集中在反应瓶的顶空部位，通过用气相色谱跟踪测定顶空中各种气体的组成，从而换算出产生甲烷的累积体积。如无气相色谱仪的实验条件，可以用排水法直接测定甲烷产生体积，得到一个较为粗略的污

泥活性结果。

污泥的产甲烷活性与许多因素有关，如温度、pH、底物种类与浓度、营养条件等，因此实验必须在理想的条件下进行。

反应温度一般设置在 35 ± 1℃，如果为了测定取自特定反应器内污泥的活性，反应温度应与污泥来源反应器实际运行温度一致。

由于一般认为产甲烷细菌的最佳 pH 在 6.8～7.2 的范围内，而对于普通的厌氧污泥，其 pH 值范围可以放宽到 6.5～7.5 的范围，因此，在厌氧污泥活性的测试实验中一般通过在反应瓶中加入 NaOH 或 $NaHCO_3$ 将其 pH 值调节到 7.0 左右。

测定污泥活性一般用挥发性脂肪酸(Volatile Fatty Acid，简称 VFA)作为底物，VFA 的组成也会对测定结果有影响。VFA 组成一般可按乙酸：丙酸：丁酸(换算成 COD 的比值)＝2：1：1 配制。如果为了评价污泥处理特定废水的能力，VFA 的组成应与实际所处理的废液经酸化后的 VFA 组成相类似，并且在测定报告中加以说明。

产甲烷细菌所在微环境的底物浓度也是影响污泥活性测定的重要因素。虽然细菌有很高的底物亲和力，但在颗粒污泥内部由于底物扩散速率的限制，底物浓度可能非常低，由此引起污泥活性测定的偏差。为使底物扩散的影响降低至最小限度，应当采用较低的污泥浓度。另一方面，测试中采用略高的底物浓度，并采用缓慢的搅拌或不时的摇晃，以改善传质扩散作用，但过高的 VFA 浓度会对污泥产生毒性。

表 6-6 列出了在带搅拌的反应器(一般采用容积＞2L)和不带搅拌的反应器(0.5～1.0L)中推荐使用的污泥和底物浓度。不带搅拌的反应器一般只用于污泥活性大于 0.10 $gCOD_{CH_4} \cdot gVSS^{-1} \cdot d^{-1}$ 的污泥，其中 COD_{CH_4} 表示以 COD 表示的甲烷的产量。带搅拌的反应器可以更精确地测定甲烷的产量，因此可用于活性小于 0.10 $gCOD_{CH4} \cdot gVSS^{-1} \cdot d^{-1}$ 的污泥的测定。

表 6-6　产甲烷活性测定中使用的污泥和底物 VFA 浓度

测定装置	污泥浓度/ $gVSS \cdot L^{-1}$	VFA 浓度/ $gCOD \cdot L^{-1}$
带搅拌的测试系统	2.0～5.0	2.0～4.0
不带搅拌的测试系统	1.0～1.5	3.5～4.5

此外，体系中还需要投加 NH_4Cl、KH_2PO_4、$CaCl_2$、$MgSO_4$、$FeCl_3$、$CoCl_2$ 等补充营养元素和微量元素，以免出现营养缺乏导致的活性下降，还需要投加 Na_2S 酵母膏。

污泥的产甲烷活性与其对底物 VFA 的驯化程度有关，因此通常测定活性时要两次投加配制的含 VFA 和营养物的水样。第一次投加水样目的在于使污泥适应这种底物，因此第一次投加水样时污泥的活性总是较低。一般第二次投加水样后的结果可作为正式测定的结果。

测得污泥活性后可按表6－7初步划分污泥的活性等级。

表6－7 厌氧污泥的活性等级划分

活性等级	优	上	中	下	劣
$SMA/LCH_4 \cdot gVSS^{-1} \cdot d^{-1}$	＞0.4	0.3～0.4	0.2～0.3	0.1～0.2	＜0.1

除了上述通过直接测定CH_4的生成量来评价厌氧污泥活性，建立在厌氧消化微生物学基础上的指标，如辅酶F_{420}、氢化酶、磷酸酯酶、ATP含量等的测定也可间接的反应厌氧污泥的活性。直接测定最大比产甲烷速率来表征某种厌氧污泥的活性，操作简单易行，所得结果直观，对工程实践具有较好的参考价值，因此在本实验中采用通过测定最大比产甲烷速率的方法对厌氧产甲烷活性进行测定。

3. 实验仪器、装置和试剂

(1)实验仪器

恒温水浴、史氏发酵管、便携式pH计、锥形瓶、硅胶管、移液管、量筒等。

(2)实验药品

①VFA母液($100gCOD \cdot L^{-1}$)：母液的配制由称重来进行，按乙酸：丙酸：丁酸(换算成COD的比值)＝2：1：1配制，已知每克乙酸、丙酸、丁酸分别相当于1.067gCOD、1.514gCOD和1.818gCOD。配好后加入NaOH调节母液pH至7.0。

②营养母液：称取170g NH_4Cl、37g KH_2PO_4、8g $CaCl_2 \cdot 2H_2O$、9g $MgSO_4 \cdot 4H_2O$混合溶于1L水中。

③微量元素母液：称取2g $FeCl_3 \cdot 4H_2O$、2g $CoCl_2 \cdot 6H_2O$、0.5g $MnCl_2 \cdot 4H_2O$、30mg $CuCl_2 \cdot 2H_2O$、50mg $ZnCl_2$、90mg $(NH_4)_6Mo_7O_{24} \cdot 4H_2O$、0.1g $Na_2SeO_3 \cdot 5H_2O$、50mg $NiCl_2 \cdot 6H_2O$、1g EDTA、1mL 36%HCl，混合溶于1L水中。

④硫化钠母液($100g \cdot L^{-1}$)：每升水中含$Na_2S \cdot 9H_2O$ 100g，临用时配制。

⑤酵母膏溶液($100g \cdot L^{-1}$)：每升水中含酵母膏100g，临用时配制。

⑥吸收液：3%的氢氧化钠溶液。

(3)实验装置

厌氧污泥活性的测试可以采用如下的间歇试验的方法，其装置如图6－2所示。

装有一定量受试厌氧污泥的100 mL锥形反应瓶被放置在可以控温的恒温水浴槽内，反应瓶用橡胶塞密封并通过细小的硅胶管与25 mL史氏发酵管相连，保证反应瓶内所产生的沼气能够以小气泡的形式进入史氏发酵管内。气泡在通过浓

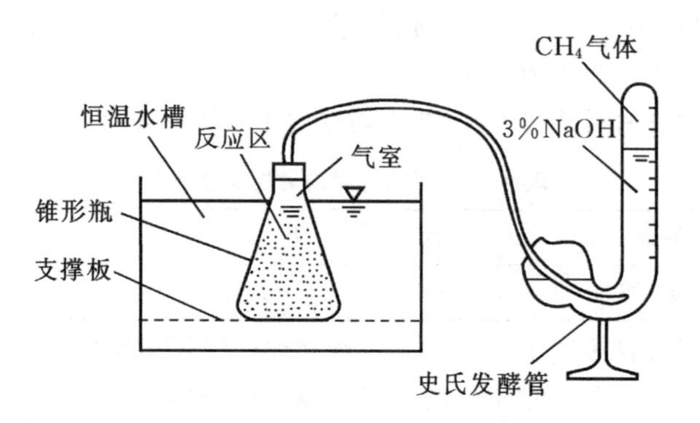

图 6-2　厌氧污泥产甲烷活性测试的间歇试验装置图

度为 3%的 NaOH 的吸收液时，沼气中的 CO_2、H_2S 等酸性气体被碱液吸收，而余下的、被计量的气体可认为是饱和了水蒸气的甲烷气体。

4. 实验步骤

(1)第一次投加底物

①稀释 VFA 母液 25 倍，配成 1L 浓度为 4gCOD · L^{-1}的 VFA 稀释液。配制 100g · L^{-1}的酵母膏溶液和 100g · L^{-1}的硫化钠母液各 10 mL。

②在 6 个 100 mL 锥形瓶中各加入 VFA 稀释液 100mL，营养母液、微量元素母液、硫化钠母液和酵母膏溶液各 0.1 mL，贴标签做好标记。

③将锥形瓶置于 35℃的恒温水浴中。待锥形瓶内水温达到 35℃时，加入一定量的受试厌氧污泥，维持反应体系中污泥浓度为 1.0～1.5gVSS · L^{-1}。

④向每个锥形瓶通 N_2 约 5min 将其上部的空气驱除。装好所有锥形瓶的橡胶塞和排气管，测试装置气密性。将排气管按图 6-2 所示接入装有约 50mL 3%NaOH 溶液的史氏发酵管。

⑤将锥形瓶摇匀开始试验，一般每小时读取史氏发酵管内的产甲烷气体量一次，每次读数后都需要再次将锥形瓶轻轻摇动以使底物与污泥充分接触以及底物浓度分布均匀。

⑥当反应瓶内的污泥不再大量产气后，即可认为反应基本结束，污泥驯化阶段结束。

(2)第二次投加底物

①从恒温水浴中取出锥形瓶，缓缓将其上层液体倒出，保留污泥在瓶底。

②在 3 个锥形瓶中各加入去离子水 100 mL，营养母液、微量元素母液、硫化钠母液、酵母膏溶液各 0.1 mL，作为厌氧污泥活性测定的空白样。在另 3 个锥形瓶中各加入 VFA 稀释液 100 mL，营养母液、微量元素母液、硫化钠母液、酵母膏溶

液各 0.1 mL,作为测试样。贴标签做好标记。

③重复第一次投加底物实验的步骤④和⑤,读取不同时间对应的甲烷产量数据。

④当反应瓶内的污泥不再大量产气后,即可认为反应基本结束。将锥形瓶内的混合液进行离心分离(或过滤)后精确测量其 VSS 量。

【注意事项】

①严格测试实验装置的气密性以保证产生的所有 CH_4 都被收集测量。

②一般要求每个试验需有 2～3 个平行样,以保证试验结果的可靠性。

5. 数据记录与处理

①按表 6-8 记录两次投加底物的逐时产甲烷量,以时间为横坐标,累积产甲烷量为纵坐标,作出两次投加底物的逐时产甲烷曲线图。

表 6-8 累积产甲烷量整理表

第一次投加底物				第二次投加底物			
时间/h	空白样累积产甲烷体积/mL	实验样累积产甲烷体积/mL	净累积产甲烷量/mL	时间/h	空白样累积产甲烷体积/mL	实验样累积产甲烷体积/mL	净累积产甲烷量/mL

②在两次投加底物的逐时产甲烷曲线图中找出污泥的最大活性区间,最大活性区间指的是产甲烷速率最大的区间,即图中近似直线段的部分,该区间应覆盖已利用底物的 50%。对这一区间进行线性拟合,拟合得到的斜率称为最大产甲烷速率,记作 R,单位为 $mL \cdot h^{-1}$。

③根据最大活性区间的平均斜率 R 按式(6-8)计算厌氧污泥的产甲烷活性。

$$SMA = \frac{24R}{CF \cdot V \cdot VSS} \ (gCOD_{CH_4} \cdot gVSS^{-1} \cdot d^{-1}) \tag{6-8}$$

式中:CF——含水蒸气的甲烷毫升数转化为以克为单位的 COD 的转化系数,根据史氏发酵管中甲烷气的实际温度在表 6-9 中选择合适的数据;

V——反应器中液体的体积,L;

VSS——反应器中的污泥浓度,$gVSS \cdot L^{-1}$。

④比较两次投加底物得到的产甲烷活性结果。

⑤对照表 6-7 评价受试厌氧污泥的产甲烷活性等级。

表 6-9　相当于 1gCOD 的甲烷气体体积(1.013×10^5 Pa)

温度/℃	干燥甲烷体积/mL	含饱和水蒸汽的甲烷体积/mL
10	363	367
15	369	376
20	376	385
25	382	394
30	388	405
35	395	418
40	401	433
45	408	450
50	414	471

6. 思考题

①如何根据实验结果估算厌氧反应器的处理能力?

②反应刚开始时锥形瓶上方气室为空气或氮气,而不是沼气,是否影响累积产甲烷体积的读数?

③实验中计算 SMA 时,忽略了史氏发酵管中甲烷气压对其体积的影响,试估算忽略气压产生的误差。

实验五　有机废水臭氧氧化实验

1. 实验目的

①通过实验加深对臭氧氧化有机废水中目标污染物原理的理解。

②掌握臭氧氧化实验具体操作步骤。

③观测臭氧氧化反应前后废水中典型有机污染物的变化,通过测定氧化前后水样相应指标,分析确定臭氧对目标污染物的氧化降解效果。

2. 实验仪器、装置及试剂

①实验仪器:氧气瓶、臭氧发生器、紫外-可见分光光度计、流量计、pH 计、磁力搅拌器、电子天平、曝气头、锥形瓶、容量瓶、导管及塞子等。

②实验装置如图 6-3 所示。

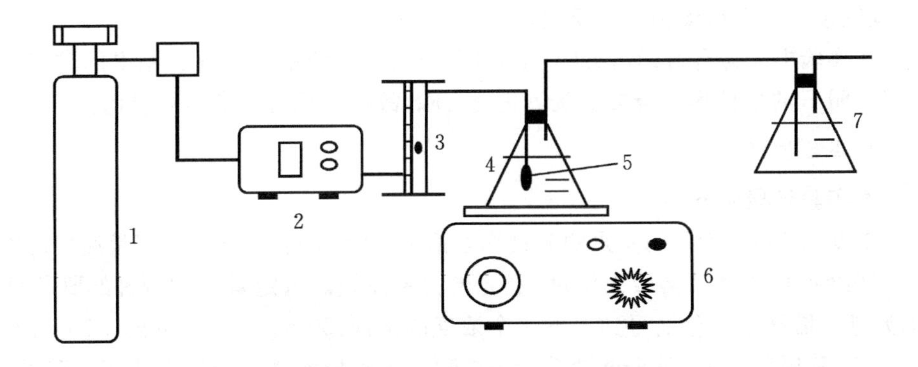

图 6-3　臭氧氧化处理有机废水实验装置图

1—氧气瓶；2—臭氧发生器；3—流量计；4—反应器；5—曝气头；6—磁力搅拌器；7—尾气吸收瓶(内装 KI 溶液)

③实验试剂

罗丹明 B(分析纯)、KI(分析纯)、H_2SO_4 溶液(0.5 mol/L)、NaOH 溶液(1 mol/L)、$Na_2S_2O_3 \cdot 5H_2O$(分析纯)。

3. 实验原理

臭氧(O_3)是氧的同素异形体。臭氧分子具有等腰三角形结构，三个氧原子分别位于三角形的三个顶点，顶角为 116.79 度。在常温常压下，较低浓度的臭氧是无色气体，当浓度达到 15%时，呈现出淡蓝色。臭氧可溶于水，在常温常压下臭氧在水中的溶解度比氧高约 13 倍，比空气高 25 倍。但臭氧水溶液的稳定性受水中所含杂质的影响较大，特别是有金属离子存在时，臭氧可迅速分解为氧，在纯水中分解较慢。臭氧很不稳定，极易分解成氧气，因此在本实验中采用现场制备的方法。氧气瓶中的氧气(O_2)通入臭氧发生器中，在高电压的条件下氧气经电离形成氧原子后重新形成臭氧，反应式如下：

$$3O_2 \longrightarrow 2O_3$$

臭氧具有很强的氧化能力，其氧化还原电位为 2.07 V，仅次于 F_2(2.87 V)和 $\cdot OH$(2.80 V)。作为一种绿色氧化剂(氧化反应后产物为氧气)臭氧在日常生活中有着广泛的应用，如杀菌、消毒、饮用水净化、高浓度工业废水处理、用作工业原料等。臭氧对水中污染物的降解分以下两种途径：a. 臭氧直接与污染物发生反应。臭氧的氧化作用可导致不饱和的有机分子破裂，使臭氧分子结合在有机分子的双键上，生成臭氧化物。臭氧化物的自发性分裂产生一个羧基化合物和带有酸性和碱性基的两性离子，后者是不稳定的，可分解成酸和醛。b. 臭氧与污染物间接反应。臭氧首先在水中发生分解产生 $\cdot OH$，$\cdot OH$ 具有比臭氧更强的氧化能力，其继续与目标污染物发生反应。

本实验中向含有目标污染物（罗丹明 B）的水溶液中通入现场制得的臭氧，由于罗丹明 B 的生色集团会被臭氧氧化而去除，故可实现对污染物的脱色。

4. 实验步骤

本实验步骤如下。

①配制 100 mg/L 的罗丹明 B 纯净水溶液，并定容于 1000 mL 容量瓶中待用。

②绘制罗丹明 B 溶液的浓度-吸光度关系曲线。取定量已配制好的罗丹明 B 溶液，进行稀释操作分别得到以下 4 个浓度的溶液：50 mg/L，20 mg/L，10 mg/L，5 mg/L。利用紫外-可见分光光度计在 550 nm 波长处测定分别对应于 5 组浓度（c）的吸光度值（A），并绘制 $c-A$ 曲线。根据 $c-A$ 曲线可知，在测试浓度范围内，c 与 A 呈线性关系。故可利用该关系曲线确定不同吸光度值所对应的染料浓度。

③配制模拟水样：配制 20 mg/L 罗丹明 B 溶液 500 mL 并置于一锥形瓶中，用 H_2SO_4 溶液或 NaOH 溶液调解模拟水样的初始 pH 值为 3.0 左右。

④配制 25 mM 的 $Na_2S_2O_3$ 溶液：准确称量 6.2 g $Na_2S_2O_3 \cdot 5H_2O$，溶于 1000 mL 容量瓶中定容待用。

⑤配制 500mL 浓度为 2% 的 KI 溶液并置于另一锥形瓶中用于吸收含臭氧尾气。

⑥将盛有模拟水样的锥形瓶置于磁力搅拌器上搅拌，连接其它实验装置。以 10 mg/min 的流量向模拟水样中通入臭氧，同时开始计时。

⑦反应开始后，每隔一特定时间段（5～10 min）取样一次，并将水样置于 5mL 比色管中，并立刻滴入少量的 $Na_2S_2O_3$ 溶液以终止臭氧的氧化反应，振荡均匀后再取适量水样测定其吸光度。

⑧模拟水样脱色率的计算

$$E_t = \frac{A_0 - A_t}{A_0} \times 100\%$$

式中：E_t——处理至 t 时刻时模拟水样的脱色率；

A_0——模拟水样初始浓度的吸光度；

A_t——处理至 t 时刻时模拟水样的吸光度。

5. 试验数据及结果整理

①根据实验记录表 6-10 记录实验数据。

表 6-10　臭氧氧化降解染料废水数据记录表

实验人：______　　　　日期：______

反应时间 t	染料水样吸光度 A	脱色率 E_t
温度：______　　臭氧流量：______　　溶液 pH 值：______		

②可根据表中记录数据绘制不同指标随时间的变化曲线。

③改变臭氧流量，重复上述试验，讨论不同臭氧流量下罗丹明 B 去除效率的影响。

④调节不同的罗丹明 B 溶液的初始 pH 值，重复上述实验，讨论初始 pH 值对罗丹明 B 的去除效率的影响。

6. 思考题

①溶液 pH 值对臭氧氧化降解罗丹明 B 的效果有何影响？

②臭氧流量对罗丹明 B 的降解脱色效果的影响及其趋势如何？

③溶液中哪些物质可能会影响到臭氧对目标污染物的降解效果？

第7章　开放性实验

实验一　光催化氧化处理农药废水实验

1. 实验目的

①理解光催化氧化处理污染物的原理。

②掌握正交实验原理并寻求各因素的最优组合。

2. 实验仪器、装置及试剂

实验仪器：微波消解罐、磁力搅拌器、功率可调紫外灯管(300W)、pH酸度计、紫外可见分光光度计等，实验装置采用自制光催化氧化装置进行静态实验，装置如图7-1所示。

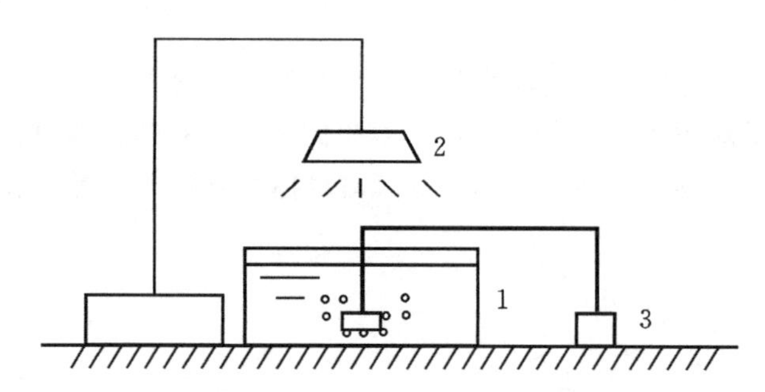

图7-1　光催化反应装置

1—培养皿；2—紫外光源；3—曝气装置

实验试剂：a. 实验废水采用自行配置的有机磷农药废水(利用从市场上购置的乙酰甲胺磷农药配置)，水中初始乙酰甲胺磷农药浓度0.1 mM；b. 光催化剂采用商品的P25二氧化钛催化剂。

3. 实验原理

纳米光催化具有无毒、安全、稳定性好、催化活性高、见效快、能耗低、可重复使用等优点，在不同类型废水处理方面有着广泛的应用。本实验中将光催化应用于处理农药废水。

光催化氧化反应的原理可以用半导体的能带理论来阐述。n型半导体粒子纳

米 TiO_2 的能带结构一般由低能价带和高能导带构成，价带和导带之间存在禁带。价带和导带之间的带隙能约为 3.2 eV。当半导体二氧化钛受到能量大于其禁带宽度的光源照射时，其价带的电子就被激发，跃迁到导带，产生原初电荷分离，从而产生导带电子和禁带空穴。这些电子和空穴对迁移到表面后，使光催化剂具有较强的给出或接收电子的倾向，可以参加氧化还原反应。通常电子与外部提供的电子接收体如溶解氧结合，而空穴则将表面吸附的污染物分子氧化或者将水分子氧化为羟基自由基，生成的羟基自由基进一步进攻有机物分子，使之氧化和分解，最终使有机污染物转化为 CO_2、H_2O 和无机盐，达到矿化的目的。

4. 实验步骤

①配置系列的乙酰甲胺磷标准溶液，用紫外分光光度计检测吸光度并绘制标准曲线。

②首先打开紫外光源使其稳定 15 min。

③配制 0.1 mM 的乙酰甲胺磷反应溶液 200 mL，加入一定量的催化剂，并用 NaOH 溶液或 HCl 溶液调节溶液的 pH 值。将配制好的反应液置于磁力搅拌器上搅拌 15 min，使催化剂和水样均匀混合，将反应液转移进石英反应器。

④打开空气泵向石英反应器中的水样曝气，控制曝气量，并使石英反应器与紫外光源保持一定的距离，间隔 20 分钟取样，用紫外可见分光光度计检测水样中的乙酰甲胺磷农药浓度，连续照射 120 min 后，关闭光源。

5. 实验数据及结果整理

(1)正交实验设计

为了研究实验过程中各个因素之间的关系，本次实验进水乙酰甲胺磷浓度采用 0.1mM，光照时间采用 2h。以 pH 值、催化剂用量、光照强度、曝气量为因素，根据正交表 $L_9(3^4)$，建立 3 水平 4 因素正交表，如表 7-1 所示。

表 7-1　正交实验因素水平表

水平	因素			
	pH 值	催化剂用量/$g \cdot L^{-1}$	曝气量/$L \cdot min^{-1}$	光照强度/W
1	5	0.4	0.6	50
2	7	0.8	1.2	100
3	9	1.2	1.8	150

(2)正交实验结果

根据表 7-2 确定的因素进行正交实验。将实验结果填入表 7-2 中，并进行极差分析得出各因素的最优水平组合。

表 7-2　正交实验结果及直观分析

实验号	因素				COD 去除率/(%)
	催化剂用量/mg・L^{-1}	pH 值	光照强度/W	曝气量/L・min^{-1}	
1	0.4	5	50	0.6	
2	0.4	7	100	1.2	
3	0.4	9	150	1.8	
4	0.8	5	100	1.8	
5	0.8	7	150	0.6	
6	0.8	9	50	1.2	
7	1.2	5	50	1.2	
8	1.2	7	150	1.8	
9	1.2	9	100	0.6	
K_1					
K_2					
K_3					
$\overline{K}_1$					
$\overline{K}_2$					
$\overline{K}_3$					
R					

6. 思考题

①光催化反应中曝气的作用是什么？

②如何提高光催化剂中光生电子和空穴的分离效率？

实验二　微生物燃料电池技术处理废水同时发电的实验

1. 实验目的

①了解微生物燃料电池(MFC)的工作原理。

②掌握基本的 MFC 构建方法。

③了解影响 MFC 处理废水及产电性能的因素及其规律。

2. 实验原理

微生物燃料电池技术(MFC)是一种将有机废水处理与生物质产电相结合的新型的污水处理工艺。该项技术不同于普通的废水处理方法,MFC 技术能够从废水中获得能量,这些能量以电能和氢能的形式存在,而非耗费电能。它的原理在于附着在阳极上的某些微生物可以通过氧化水中的有机物将电子传递到胞外电极上,进而通过外电路转移到阴极上,最终传递给阴极的电子受体氧气分子。而在氧化有机物释放胞外电子的同时,也产生了质子,质子通过电解质传导到阴极与被还原的氧结合生成水。从而最终实现废水中有机污染物的降解以及向外电路供电。该系统的组成及工作原理示意图如图 7-2 所示。

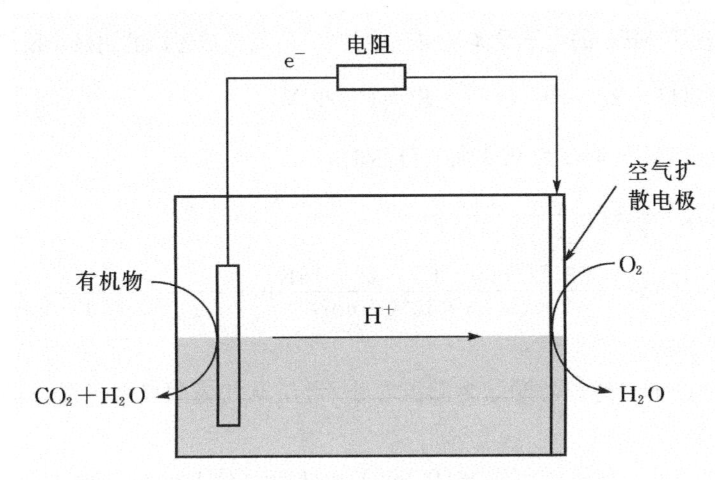

图 7-2　MFC 系统的组成及工作原理示意图

为了能够对 MFC 有更加清楚的认识,我们先从热力学的角度进行分析。

对于各种电池或燃料电池,最大电动势 $E_{emf}=E^{\theta}-\frac{RT}{nF}\ln\frac{[还原物]^{p}}{[氧化物]^{r}}$

式中:E^{θ}——标准电池电动势;

R ——气体常数 8.314 J/(mol · K);

T ——反应温度 K;

n ——电子转移数;

F ——法拉第常数,96485 C/mol;

p, r——反应式中还原物和氧化物的化学计量数。

每个电池都可以分为两个半反应,即总反应由阳极反应和阴极反应两个半反应组成,因此电池电动势又可表示为 $E_{emf}=E_{Cat}-E_{An}$(E_{Cat}为阴极电位,E_{An}为阳极电位)。传统理论认为厌氧生物降解有机物分为三步,复杂有机物经过水解酸化后变为乙酸等小分子有机物，进而被产甲烷菌分解为水和二氧化碳。因此这里我们的阳极底物以简单有机物乙酸盐为例。乙酸被氧化的阳极半反应如下所示。

$$2HCO_3^- + 9H^+ + 8e^- \rightarrow CH_3COO^- + 4H_2O \quad E^\theta = 0.187V$$

在乙酸盐浓度为 1g/L，pH=7，设定碳酸氢盐浓度为 5mM 的条件下，根据能斯特方程

$$E_{AN} = E_{AN}^\theta - \frac{RT}{8F}\ln\frac{[CH_3COO^-]}{[HCO_3^-]^2[H^+]^9}$$

$$= 0.187V - \frac{8.31J/(mol \cdot K) \times 298.15K}{8 \times (9.65 \times 10^4\ C/mol)}\ln\frac{0.0169\ mol/L}{(0.005\ mol/L)^2 \times (10^{-7}\ mol/L)^9}$$

$$= -0.300V$$

通常情况下 MFC 的电子受体是空气中的氧气，氧气被还原的阴极半反应如下

$$\frac{1}{2}O_2 + 2H^+ + 2e^- \rightarrow H_2O \qquad E^\theta = 1.229\ V,$$

当 pH=7，氧气浓度为 0.2 大气分压时，

$$E_{Cat} = E_{Cat}^\theta - \frac{RT}{nF}\ln\frac{1}{[P_{O_2}]^{1/2}[H^+]^2}$$

$$E_{Cat} = 1.229V - \frac{8.31J/(mol \cdot K) \times 298.15K}{2 \times (9.65 \times 10^4 C/mol)}\ln\frac{1}{(0.2)^{1/2} \times (10^{-7}\ mol/L)}^2$$

$$= 0.805V$$

因此，理论上上述以乙酸盐为阳极底物，常压空气为阴极电子受体的 MFC 两端开路电压为

$$E_{emf} = E_{Cat} - E_{An} = (0.805V) - (-0.3V) = 1.105V$$

3. 实验设备及仪器

MFC 反应器(自制)、COD 测试仪、马弗炉、电压数据采集仪、Ag/AgCl 参比电极等。图 7-3 为空气阴极 MFC 反应器结构图。

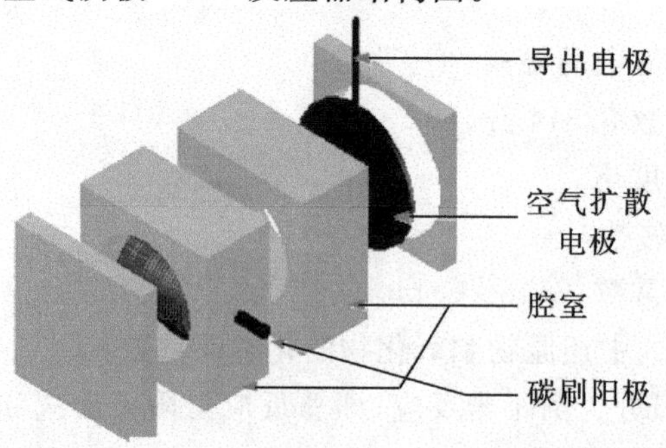

图 7-3　空气阴极 MFC 反应器结构图

实验材料包括作为阳极材料的碳刷、作阴极材料的疏水碳布以及阴极氧还原催化剂 10%Pt/C 以及 Nafion® 溶液、十二水合磷酸氢二钠、二水合磷酸二氢钠、氯化铵、氯化钾、乙酸钠等。

4. 实验操作步骤

(1)营养液配制

营养液主要由碳源、缓冲溶液、氮源及微量元素等组成,主要包括 1 g/L 的乙酸钠、11.43 g/L 的 $Na_2HPO_4 \cdot 12H_2O$、5 g/L 的 $NaH_2PO_4 \cdot 2H_2O$、0.31 g/L 的氯化铵、0.13 g/L 的氯化钾以及微量营养元素。

(2)空气阴极的制备

将 10%的 Pt/C 催化剂(0.1 mg/cm^2 负载量)与少量 Nafion 溶液混合均匀成糊状,将糊状物质涂于疏水碳布一侧上,晾干即可使用。按图 7-3 所示将微生物燃料电池装配起来,阴极涂覆催化剂的一侧面向电解质,而另一面面向空气,装配好之后先检测系统密封是否完好,是否漏水。如果发现漏水需要重新装配。

(3)MFC 的启动

取长期运行的 MFC 出水作为接种液,与配置的营养液按照 1∶1 的比例加入到 MFC 反应器中,采用间歇的方法进行活性污泥的培养。培养过程中外接电阻始终采用 1 kΩ,同时用信号采集器采集电阻两端的电压信号。MFC 第一周期进水为接种液与营养液的混合液,待测得峰值电压时进行第二次换液。第二周期起,进水不再加入接种液,而采用纯营养液进行培养。此后当所测电压降低至 50 mV 以下时,意味着基质消耗殆尽,需更换反应器内溶液。待 MFC 反应器连续三次获得接近的峰值电压(0.4 V 以上)时,认为启动完成。

(4)比较不同外阻下,MFC 对 COD 的去除效果以及库仑效率的异同

配制 1 g/L 的乙酸钠营养液,测量其 COD 浓度。将反应器分别置于外接电阻 1000 Ω,500 Ω,200 Ω,100 Ω,50 Ω,10 Ω 下进行反应,每个外接电阻待平台电压结束后,反应器两端电压开始下降时,测量反应器出水 COD,以及平台电压期间放电电量的总和,计算不同外接电阻条件下的库仑效率。比较不同外接电阻下,电压开始下降时的 COD 去除率、反应时间以及库仑效率的异同。依据不同外接电阻下检测到的平台电压,计算各外接电阻条件下的输出功率密度。绘制极化曲线及功率密度曲线,粗略估计电池内阻。

5. 实验数据及结果整理

(1)不同外电阻对 COD 去除以及库仑效率的影响

(2)计算及绘图

依据表 7-3 数据,计算库仑效率、功率密度、电流密度随外界电阻的变化规

律,绘制电流密度、功率密度以及库仑效率随着外接电阻的变化规律图。

表 7-3　外电阻对 COD 去除及发电的影响

项目 电阻/Ω	单周期 时间/ h	进水 COD/ mg/L	出水 COD/ mg/L	放电电量/ C	平台电压/ V
1000					
500					
200					
100					
50					
10					

6. 思考题

①为什么数据采集仪所测电池电压与理论值 $E_{emf}=1.105V$ 相差很大,哪些因素导致这一结果?

②影响 MFC 内阻的因素有哪些?如何减小电池内阻?

实验三　环境污染物对厌氧微生物的毒性试验

1. 试验目的

本实验可为判断环境污染物是否适于采用厌氧生物处理方法进行处理提供科学依据,同时可为环境污染物的环境毒理学特性提供基础数据。

2. 试验原理

产甲烷菌是能够利用乙酸和氢气为电子供体生成甲烷的微生物类群。其生化反应的化学计量学原理如下

$$4H_2 + CO_2 \longrightarrow CH_4 + 2H_2O$$

$$CH_3COOH \longrightarrow CH_4 + CO_2$$

甲烷菌的产甲烷的活性可以用单位质量生物污泥(通常用挥发性悬浮固体 Volatile Suspended Solids,g VSS 表述)的产甲烷速率加以描述。产甲烷活性与厌氧污泥中产甲烷菌群的“健康”状况密切相关,因此其可以反映环境化学品对产甲烷菌的毒性效应。典型厌氧消化污泥的产甲烷速率为 0.1~0.2 g $COD_{methane}$/g VSS·d,典型工业废水处理厌氧反应器内污泥产甲烷活性相对较高,一般为 0.3~1.0 g $COD_{methane}$/g VSS·d。

3. 实验材料和步骤

如图 7－4 所示向已知容量的密封血清瓶中加入一定量的生物污泥、代谢底物(乙酸盐或氢气)及供试污染物，进行定期培养，并随时间测定甲烷产量，即从密封血清瓶气相中采集气体样品，采用气相色谱分析测定样品中的甲烷含量，最终根据监测结果计算产甲烷活性 $gCOD_{methane}/gVSS \cdot d$。

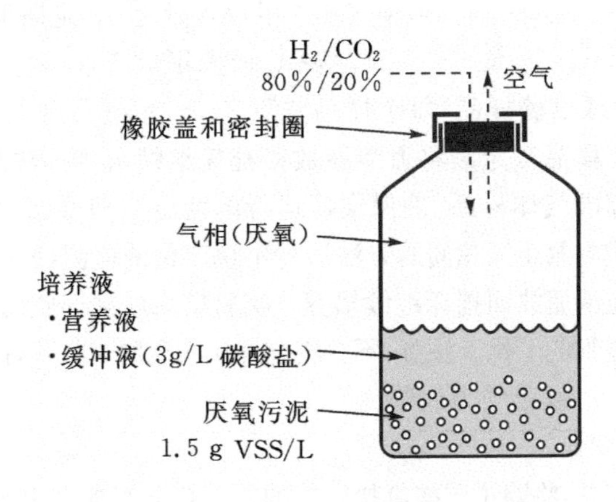

图 7－4　产甲烷毒性实验装配示意图

(1)实验材料

160mL 血清瓶若干、基础培养基，包括微生物生长必须的大量和微量元素及缓冲 pH 所需的碳酸盐，厌氧污泥(采用筛网进行生物污泥的泥水分离)、$H_2 : CO_2$(80%：20%) 气瓶储备气或 $N_2 : CO_2$(80%：20%) 气瓶储备气、色谱用注射器(100 μl)、5～6 瓶甲烷标准气体 (0.5～2.5 % CH_4)、供试化学品。

(2)实验步骤——以氢气为底物

①实验准备步骤。

a. 基础培养基配置：将除了碳酸氢盐以外的所有培养基配方用药品(见表 7－4 和表 7－5)按 1.25 倍浓缩计量溶解于 1 L 去离子水中。然后根据需要用 HCl 或 NaOH 调解 pH 到 7.0～7.2，最后在实验开始前一刻加入用于缓冲系统 pH 的碳酸氢盐。

b. 供试化学品储备液的配置：根据测试需要将一定量的供试化学品溶解到 100 mL 去离子水中。

c. 采用 20 mL 已配置培养基溶液将含有 1.5 gVSS 的厌氧污泥转移至 160 mL 血清瓶中。采用橡胶盖和铝制密封圈密封瓶口，向血清瓶气相冲吹气体 $N_2 : CO_2$(80%：20%)2～3 分钟(注意不能用 $H_2 : CO_2$进行冲吹)，然后将血清瓶置于 30 ℃恒温摇床(113 rpm)隔夜培养，恢复厌氧菌的产甲烷活性。

d. 准备 5～6 瓶甲烷标准气体（0.5～2.5 % CH_4），采用 GC 分析标准气体样品，绘制标准曲线。

②实验监测步骤。

a. 第 1 天：按照测试供试化学品的浓度需求，向已接种污泥的血清瓶中加入供试化学品储备液和去离子水总计 5 mL（示例见表 7－6），再次向血清瓶气相冲吹气体 H_2：CO_2（80%：20%）2～3 分钟，使气相中甲烷含量为 0。定期采集血清瓶气相中气体样品（每 45～60 min，监测 6～8 h），用 GC 监测甲烷产量，测量时注意每次注射 100 μL 的标准样品或试验样品，每个样品监测 3～5 次，记录甲烷的峰面积和采样时间，取均值计算。样品测定后将血清瓶放回摇床继续培养。注意：每次进行样品监测，须随机监测标准气体样品，确保仪器运行的稳定性和可靠性。

b. 第 2 天：采用与第 1 天相同的方法进行甲烷产量的监测，1 天中至少测定 3～4 次。样品测定后将血清瓶放回摇床继续培养。实验结束后立即监测样品的 pH 值，判断是否存在酸碱度异常的干扰。注意：不要将全部血清瓶同时打开，打开一瓶测一瓶。

（3）实验步骤——以乙酸为底物

①实验准备步骤。

a. 基础培养基配置：将除了碳酸氢盐以外的所有培养基配方用药品（见表 7－4 和表 7－5）按 1.25 倍浓缩计量溶解于 1 L 去离子水中。然后根据需要用 HCl 或 NaOH 调解 pH 到 7.0～7.2，最后在实验开始前一刻加入用于缓冲的碳酸氢盐。注意：培养基需在实验前新鲜制备，以防乙酸在存储的过程中被分解。

b. 供试化学品储备液的配置：根据测试需要将一定量的供试化学品溶解到 100 mL 去离子水中。

c. 采用 20 mL 已配置培养基溶液将含有 1.5 gVSS 的厌氧污泥转移至 160 mL 血清瓶中。采用橡胶盖和铝制密封圈密封瓶口，向血清瓶气相冲吹气体 N_2：CO_2（80%：20%）2～3 分钟（注意不能用 H_2：CO_2进行冲吹），然后将血清瓶至于 30 ℃恒温摇床（113 rpm）隔夜培养，恢复厌氧菌的产甲烷活性。

d. 准备 5～6 瓶甲烷标准气体（0.5～2.5% CH_4），采用 GC 分析标准气体样品，绘制标准曲线。

②实验监测步骤。

a. 第 1 天：按照测试供试化学品的浓度需求，向已经隔夜培养的血清瓶中加入供试化学品储备液和去离子水总计 5 mL（示例见表 7－6），N_2：CO_2（80%：20%）2～3 分钟，使气相中甲烷含量为 0。定期采集血清瓶气相中气体样品（每 45～60 min，监测 6～8 h），用 GC 监测甲烷产量，测量时注意每次注射 100 μL 的标准样品或试验样品，每个样品监测 3～5 次，记录甲烷的峰面积和采样时间，取均值计算。样品测定后将血清瓶放回摇床继续培养。注意：每次进行样品监测，须随机监测标准气体样品，确保仪器运行的稳定性和可靠性。

b. 第2天：采用与第1天相同的方法进行甲烷产量的监测，1天中至少测定3～4次。样品测定后将血清瓶放回摇床继续培养。实验结束后立即监测样品的pH值，判断是否存在酸碱度异常的干扰。注意：不要将全部血清瓶同时打开，打开一瓶测一瓶。

表7-4　产甲烷活性实验用培养基配方

氢气为底物		乙酸为底物	
化学试剂	浓度/mg·L^{-1}	化学试剂	浓度/mg·L^{-1}
NH_4Cl	280	CH_3COONa	3257
K_2HPO_4	250	K_2HPO_4	250
$CaCl_2 \cdot 2H_2O$	10	$CaCl_2 \cdot 2H_2O$	10
$MgSO_4 \cdot 7H_2O$	100	$MgSO_4 \cdot 7H_2O$	100
$NaHCO_3$	3000	$MgCl_2 \cdot 6H_2O$	100
Yeast Extract	100	NH_4Cl	280
微量元素溶液	1 mL	$NaHCO_3$	4000
		Yeast Extract	100
		微量元素溶液	1 mL

表7-5　微量元素溶液配方

化学试剂	浓度/mg·L^{-1}
H_3BO_3	50
$FeCl_2 \cdot 4H_2O$	2000
$ZnCl_2$	50
$MnCl_2 \cdot 4H_2O$	50
$(NH_4)_6Mo_7O_{24} \cdot 4H_2O$	50
$AlCl_3 \cdot 6H_2O$	90
$CoCl_2 \cdot 6H_2O$	2000
$NiCl_2 \cdot 6H_2O$	50
$CuCl_2 \cdot 2H_2O$	30
$NaSeO_3 \cdot 5H_2O$	100
EDTA	1000
Resazurin	200
36% HCl	1 mL

表 7-6　供试化学品测试用示例表

序号	化学品浓度/μM	基础培养基/mL	活性污泥VSS/mg	化学品储备液1500μM/mL	去离子水体积/mL	液体总体积/mL
1	0	20	12.5	0	5	25
2	0	20	12.5	0	5	25
3	0	20	12.5	0	5	25
4	13	20	12.5	0.5	4.5	25
5	13	20	12.5	0.5	4.5	25
6	26	20	12.5	1	4	25
7	26	20	12.5	1	4	25
8	52	20	12.5	2	3	25
9	52	20	12.5	2	3	25
10	78	20	12.5	3	2	25
11	78	20	12.5	3	2	25
12	104	20	12.5	4	1	25
13	104	20	12.5	4	1	25
14	130	20	12.5	5	0	25
15	130	20	12.5	5	0	25

在标准大气压下，甲烷气体 COD 含量换算表如表 7-7 所示。

表 7-7　甲烷气体 COD 含量换算表（标准大气压）

温度℃	干甲烷	湿甲烷
10	0.363	0.367
15	0.369	0.376
20	0.376	0.385
25	0.382	0.394
30	0.388	0.405
35	0.395	0.418
40	0.401	0.433

* L CH_4对应 1 g COD

4. 数据分析

每次测定后，根据标准曲线计算甲烷的百分含量。然后根据下列方程计算产甲烷活性($gCOD_{methane}$/g VSS · d)。

$$产甲烷活性\ (g\ COD_{methane}/g\ VSS \cdot d) = \frac{\left(\frac{((CH_4\%/d)/100) \times Vol_{headspace}}{0.388L\ CH_{4\ dry}/gCOD_{methane}}\right)}{Vol_{medium} \times g\ VSS/L}$$

式中：$CH_4\%/d$——每天产甲烷的体积百分含量（拟合线性方程的斜率）；

$Vol_{headspace}$——血清瓶气相部分体积；

0.388——0.388 升干甲烷相当于 1 gCOD；

Vol_{medium}——血清瓶液相部分体积；

g VSS/L——接种污泥浓度。

图 7-5 所示为计算示例。本示例中 35℃条件下加入当量为 2 g/L COD 的乙酸钠，接种 1.5 g VSS/L 产甲烷生物污泥于盛有 25 mL 液体基础矿物培养基和 135 mL 气相的 160 mL 血清瓶中。线性方程的斜率表示每 0.0375 g VSS 每天产生 0.4844% 甲烷。每天产生甲烷体积为 0.4844%×135mL=0.000654 L，相当于 0.00165 g $COD_{methane}$（表 7-7）。则产甲烷活性相当于 0.00165 g $COD_{methane}$ d^{-1}/0.0375 g VSS=0.045 g $COD_{methane}$/g VSS · d。

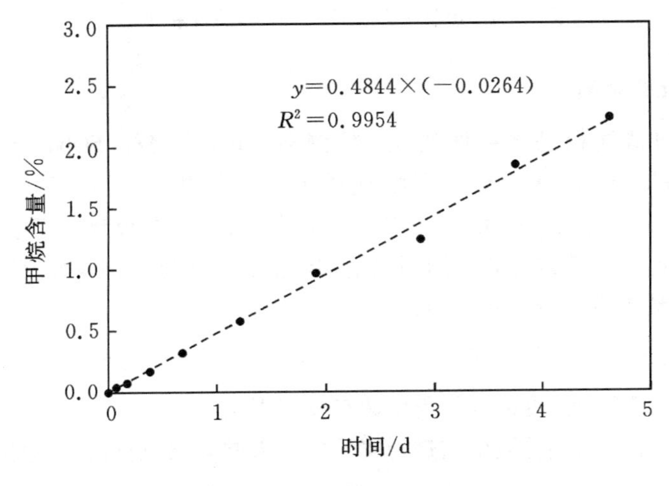

图 7-5　产甲烷活性计算示例

污染物的毒性抑制率可通过下式加以计算：

$$抑制率(\%) = 100 - \left[100 \times \frac{一定浓度污染物添加条件下的产甲烷速率}{无污染物添加条件下的产甲烷速率}\right]$$

以添加污染物的浓度为自变量，污染物添加导致的毒性抑制率为因变量进行毒性抑制规律拟合，并通过拟合方程计算 20%，50%和 80%抑制浓度，即 IC_{20}，IC_{50} 和 IC_{80}。

图 7-6 所示为污染物 2,4—二硝基苯甲醚（DNAN）的毒性抑制率随污染物添加浓度增加的变化曲线，可以看出该污染物的 IC_{20}，IC_{50} 和 IC_{80} 分别为 7.7μM，

34.4 μM 和 67.2 μM。

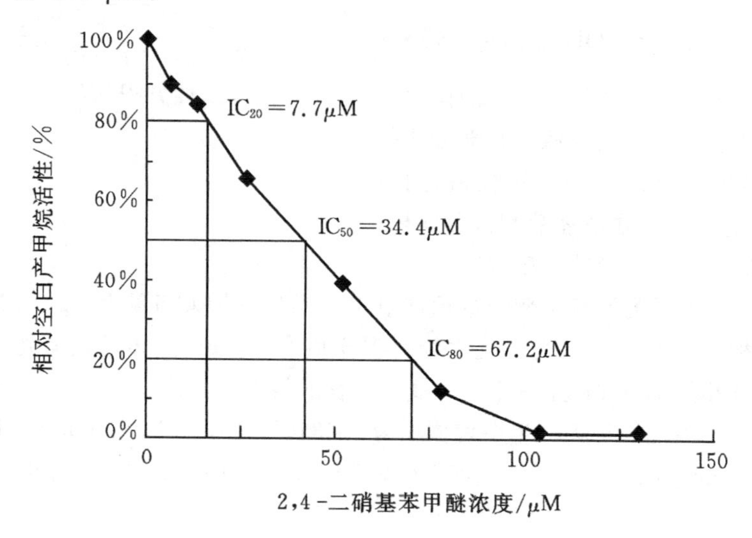

图 7-6　污染物 DNAN 的 IC_{20}，IC_{50} 和 IC_{80}

5. 其他注意事项

①甲烷测试气相色谱条件建议。检测器：FID，色谱柱：Stabilwax-DA（Restek Corporation，Bellefonte，PA，USA）。炉温、进样口和检测器温度：140 ℃，180 ℃和 250 ℃。

②供试污染化学品的浓度设计建议。先通过几何级数设计较宽浓度范围进行预备毒性实验，初步确定开始抑制到完全抑制的大概浓度范围，再在此浓度范围内布设 6～8 个浓度点进行正式实验。

6. 思考题

①化学品储备液浓度的选择需要调查哪些因素？

②比较采用不同接种微生物进行实验的结果差异，分析可能的原因是什么？

第三篇　仪器设备篇

第8章 实验常用仪器设备及说明

第1节 ESJ210系列天平使用说明

1. 仪器概况及外形

ESJ210系列天平有后置式电磁力平衡传感器，宽敞的称量室，天平内装校准砝码，全自动一键校正，便于随时校准，超大液晶白色背景显示屏，多种计量单位和称量方式，具有超载/欠载报警、全量程去皮、累加/累减、底钩称量等功能，可满足各种实验室质量分析之需求。其外形如图8-1所示。

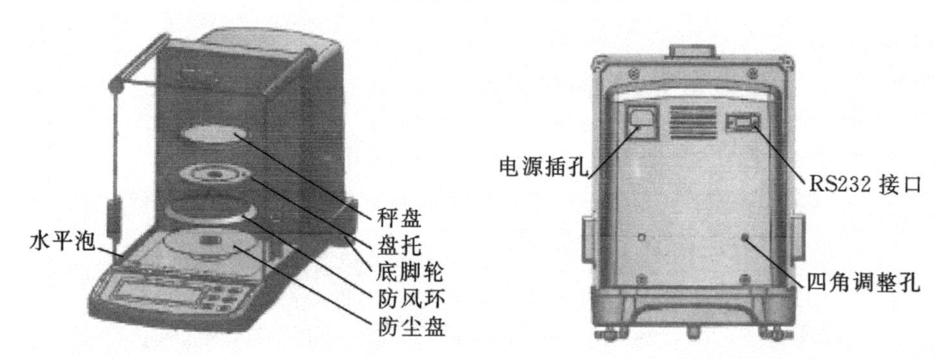

图8-1 ESJ210系列天平示意图

2. 天平安装

①称盘组件安装：防风罩安装在天平体上，将天平秤盘正确的安装在秤盘柱上。

②调整天平：调整天平后下方的两个可调底角，使天平上的水平泡位于水平仪的中心。

③通电：将电源线插入220 V/50 Hz的交流电插座内，电源线的另一端插到天平后部的电源孔插座内。

3. 操作步骤

(1)普通称重

①每次通电后，为达到最佳的称量效果，应该将天平预热至少30min。

②保持天平秤盘清洁，按“开/关”键天平将显示 0.0000g 或者自动校准完成后显示 0.0000g。

③如果需要其他单位称量，或者其他称量方式，按“模式”键调整显示数据位其他单位或其他称量方式数据。

④拉开天平称量室门，将待测物体轻轻放到秤盘中央，然后将称量室门轻轻关上，等待称量数据稳定后读取数据。

⑤打开称量室门取出物体，进行下一次称量；如果不再继续称量，则关闭称量室门，避免灰尘浸入天平内部。

(2)容量称量

①将容器放在秤盘上。

②等待“o”稳定指示符出现后，按“去皮”键去皮，天平将显示 0.0000 g。

③将待测物体放在容器内。

④等待“o”稳定指示符出现后，读取待测物体的重量。

(3)计数称量

①按照系统参数表选择样品数量。

②按“去皮”键，等待天平稳定后显示 0.0000 g。

③按“模式”键，将天平调整到计数模式状态。

④将样品放在秤盘中央，并关闭称量室门。

④按“校准”键，天平系统将会对样品按照 C2 参数进行采样。

⑤采样结束后，天平按照 C2 参数显示样品数量，移除样品，等待天平回零稳定后，用户可以进行技术称量操作。

(4)百分比称量

①按“去皮”键，等待天平稳定后显示 0.0000 g。

②按“模式”键，将天平调整到百分比称重状态。

③将样品放在秤盘中央，并关闭称量室门。

④按“校准”键，天平系统将会以此样为参照物作为 100.00％的基础值。

⑤成功采样后，天平显示 100.00％，移除样品，等待天平回零稳定后，用户可以进行百分比称重操作。

注意：在计数称量和样品称量的过程中，样品数量可读最小值不能小于天平的最小分辨率。

4.校准天平

(1)全自动校准

全自动校准状态下，系统将会随着时间温度的变换，主动的在适当的情况下执行自校准操作。

注：当称盘有重物或内部砝码加载到称重机构上的时候，不执行校准操作，显示屏上将会显示需要校准的提示信息，当移除秤盘上的重物或卸载内部校准砝码以后，天平将继续执行校准操作。

(2)半自动校准

当用户需要立刻校准天平时，用户只需要按“校准”键即可，天平接收到校准指令后将会执行校准操作。

注：注意事项同全自动校准事项，但用户在天平没有执行校准之前，可以再按“校准”取消校准操作。

5. 故障与排除(见表 8－1)

表 8－1　故障与排除

故障	原因	排除
无显示	没有电源	插上电源线
	保险丝坏了	更换保险丝
	电源变压器损坏	更换电源变压器 更换后又坏，应送维修部门
显示值不稳定	工作环境不好	改善工作环境，避开振动和气流干扰
	称量室门没有关紧	关紧防风门
	秤盘和天平壳体之间有异物或刮碰	取出异物，转动秤盘防止刮碰
	电源不稳定，超出允许值	接入 220V 交流电源稳压器
	称量物本身不稳定(吸水或挥发)	置入小口容器称量
显示值与实际重量值不符	天平没校准	校准天平
	称量前没清零	按“去皮”键清零
	没有调好天平	用水平脚调好水平

6. 注意事项

①为确保称量准确，在使用前通电 30min 预热。

②天平正常工作应有一个良好的适应环境，应放在稳定、水平的工作台上。

③称量物品时，应轻拿轻放，不要冲击秤盘，如有严重冲击，可能会导致天平机械系统不能回复原位。

④称量液体时，应小心称量，不要让液体从秤盘底下流入天平内部，如有类似发生，应立刻拔掉电源，清理内部液体，或等液体全部蒸发，确保无残留后可继续使用。

⑤天平清洁前，应将电源线拔下，不得使用带有腐蚀性的清洁剂，建议使用酒精或柔和的溶剂，不要让水溅到天平内部，清洁完成后，用干燥不掉毛的软布将天平擦干。

⑥清洁后，最好将其罩上，以防灰尘侵入。

第2节　便携式pH计使用说明

1. 仪器概况及外形

便携式pH计一般采用背光LCD液晶显示，同时显示pH、温度或mV(ORP)，温度具有手动温度补偿功能，支持两点标定，外形新颖，携带方便，操作简单，并配用E－201－C型pH复合电极，其外形如图8－2所示。

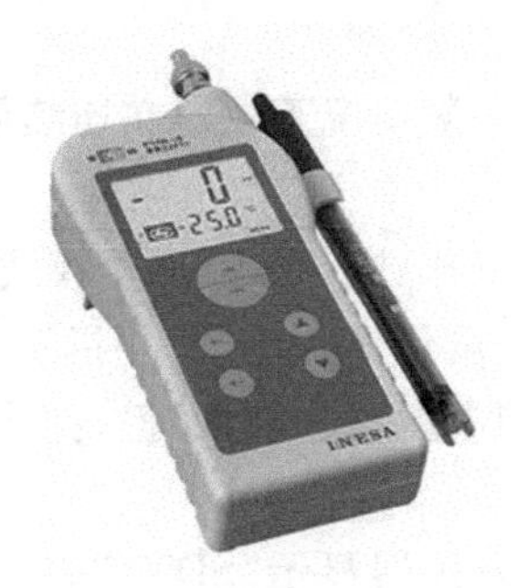

图8－2　便携式pH计

主要技术指标：

①测量范围：pH：(0.00～14.00)pH；mV：(－1400～1400)mV；

②分辨率：pH：0.01 pH；mV：1mV；

③基本误差：pH：±0.03 pH±1个字；mV：±0.2%FS；

④输入阻抗：不小于3×1011Ω；

⑤稳定性：(±0.03pH±1个字)/3h；

⑥温度补偿范围：手动(0.0～60.0)℃；

⑦电源：2节5号碱性电池；

⑧外形尺寸(mm)：170×75×30；

⑨仪器重量：0.5 kg；

⑩机箱外型编号：WXS－A004－1。

2. 仪器的使用

(1)开机前准备

①打开仪器电池盒,装入5号电池;

②将pH复合电极下端的电极保护套拔下,并且拉下电极上端的橡皮套使其露出上端小孔;

③用蒸馏水清洗电极。

(2)电位(mV值)的测量

①按“开关”键接通电源,仪器进入“mV”测量模式;

②把电极插在被测溶液内,即可在显示屏上读出该离子选择电极的电极电位(mV值),还可以自动显示正负极性。

注意:如果被测信号超出仪器的测量范围,或测量端开路时,显示屏会不亮。

(3)pH值的测定

仪器使用前首先要标定,一般情况下仪器在连续使用时,每天要标定一次。

①仪器标定。

a. 按“开关”键接通电源,仪器进入“mV”测量模式;

b. 按“模式”键仪器进入温度设置状态,“℃”指示符号闪烁,按“▲”或“▼”键,使仪器温度显示为标定溶液的温度,按“确认”键,把设置的温度存入仪器内,此时“℃”指示符号停止闪烁;

c. 然后再按“模式”键,此时仪器显示“SDT1”表明仪器进入第一点标定(如果不需要进行标定则按“模式”键两次,使仪器显示“MEAS”直接进入pH测量);

d. 把用蒸馏水清洗过的电极插入三种pH缓冲溶液中的任意一种,此时仪器显示此缓冲溶液的电位mV值,待读数稳定后按“确认”键,仪器显示此缓冲溶液的pH值,第一点标定结束,再按“模式”键此时仪器显示“SDT2”表明仪器进入第二点标定状态;

e. 把清洗过的电极插入另一种pH缓冲溶液中,此时仪器显示第二点缓冲溶液的电位mV值,待读数稳定后按“确认”键,仪器显示第二点缓冲溶液的pH值,再按“模式”键,此时“SDT2”熄灭,“MEAS”显示,表明仪器标定结束进入pH测量状态。

②测量。

经标定过的仪器,即可用来测量被测溶液,被测溶液与标定溶液温度是否相同,所需要的测量步骤也有所不同,具体操作步骤如下。

a. 被测溶液与标定溶液温度相同时,测量步骤如下:

· 用蒸馏水清洗电极头部,再用被测溶液清洗一次;

· 把电极浸入被测溶液中,用玻璃棒搅拌溶液,使溶液均匀后读出该溶液的pH值。

b. 被测溶液与标定溶液温度不同时，测量步骤如下：

· 用蒸馏水清洗电极头部，再用被测溶液清洗一次，用温度计测出被测溶液的温度值；

· 按“模式”键使仪器进入温度设置状态(℃符号闪烁)，按“▲”或“▼”键，使仪器温度显示为标定溶液的温度，按“确认”键，此时“℃”指示符号停止闪烁；

· 再按“模式”键三次，使仪器显示“MEAS pH”状态，即可测量溶液的 pH 值；

· 把电极插入被测溶液内，用玻璃棒搅拌溶液，使溶液均匀后读出该溶液的 pH 值。

注：若仪器出现不正常现象，可将仪器关掉，然后按住“确认”键，再将仪器打开，使仪器处于初始化状态。

3. 仪器的维护

①电极在测量前必须用已知 pH 值的标准缓冲溶液进行校准，其 pH 值愈接近被测 pH 值愈好。

②取下电极护套后，应避免电极的敏感玻璃泡与硬物接触，因为任何破损或擦毛都将使电极失效。

③测量结束，及时将电极保护套套上，电极套内应放少量外参比补充液，以保持电极球泡的湿润，切记勿浸泡在蒸馏水中。

④复合电极的外参比补充液应高于被测溶液液面 10mm 以上，如果低于被测溶液液面，应及时补充外参比补充液，复合电极不使用时，应拉上橡皮套，防止补充液干涸。

⑤电极的引出端必须保持清洁干燥，绝对防止输出两端短路，否则将导致测量失准或失效。

⑥信号输入端必须保持干燥清洁，仪器不用时，将短路插头插入插座，防止灰尘及水汽浸入。

⑦电极应避免长时间浸入蒸馏水、蛋白质溶液和酸性氟化物溶液中，电极勿与有机硅油接触。

⑧电极经长期使用后如发现斜率略有降低，则可把电极下端浸泡在 4% HF(氢氟酸)中(3～5s)，用蒸馏水洗净，然后在 0.1 mol/L 盐酸溶液中浸泡，使之复新。

⑨被测溶液如含有易污染敏感球泡或堵塞液接界的物质而使电极钝化，会出现斜率降低，显示读数不准现象，如发生该现象，则应根据污染物的性质，用适当溶液清洗，使电极复新。

⑩请不要让强烈阳光长时间直射液晶显示器，以延长液晶显示器的使用寿命，必须防止硬物接触，划伤显示器表面玻璃。

⑪仪器长时间不用请将电池取出。

4. 注意事项

①玻璃电极的保质期为一年，出厂一年以后不管是否使用，其性能都会受到影响，应及时更换。

②第一次使用的 pH 电极或长期停用的 pH 电极，在使用前必须在 3 mol/L 氯化钾溶液中浸泡 24h。

③选用清洗剂时，不能用四氯化碳、三氯乙烯、四氢呋喃等能溶解聚碳酸树脂的清洗液，因为电极外壳是用聚碳酸树脂制成的，其溶解后极易污染敏感玻璃球泡，从而使电极失效，也不能用复合电极去测上述溶液。

④pH 复合电极的使用中最容易出现的问题是外参比电极的液接界处堵塞。

第 3 节　便携式溶解氧测定仪使用说明

1. 仪器概述及外形

精密型溶氧测试仪 DO3210 外观如图 8－3 所示。它能快速可靠的测试溶氧量。DO3210 操作方便，在所有应用中具有很高的测试可靠性和精度。有效地溶氧校正程序让溶氧仪的使用更为便利。显示屏如图 8－4 所示。

图 8－3　DO3210 溶解氧测试仪

1—按键；2—显示屏；3—外壳

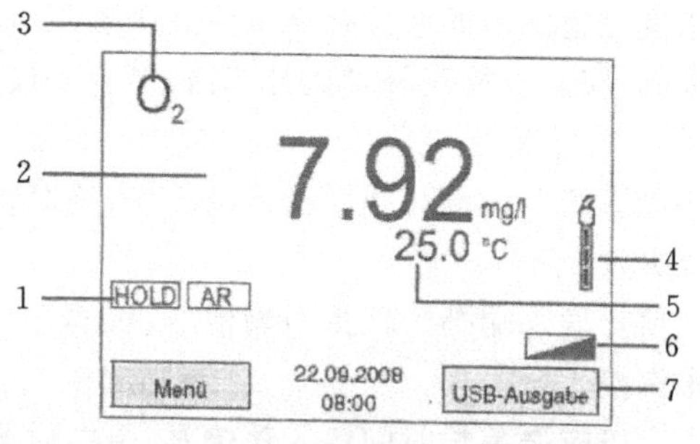

图 8－4　溶解氧测试仪屏显及功能

1—状态信息；2—测试数值(带单位)；3—测试参数；4—电极符号(评价校正效果，校正中)；5—测试温度(带单位)；6—状态栏；7—软键，日期＋时间

2. 基本设置

(1)开启仪表

按下＜On/Off＞键，仪表自行检测，显示屏显示厂商 logo，同时进行仪表自行检测，显示测试值屏幕。

(2)关闭仪表

按下＜On/Off＞键。

(3)自动关闭

仪表有自动关闭功能,可以节省用电,在设定的关闭间隔内,若无任何按键,仪表会自动关闭。

(4)背景灯

若30s内无任何按键,仪表会自动关闭背景灯。再次按键时,背景灯会再亮起来,也可以手动将背景灯设置为常开或常关模式。

(5)操作模式

①测试。在显示屏上显示所接触传感器的测试数值。

②校正。校正程序,并显示校正信息、功能和设置。

③数据存储。仪表手动存储数据。

④设置。系统主菜单或传感器菜单,并显示子菜单设置和功能。

参数设置

例1 设置语言

①按下＜On/Off＞,跳出测试数值显示屏,仪表处于测试模式。

②用＜F1_＞/[Menu]打开存储 & 设置菜单,仪表处于设置模式。

③用上下移动键选择系统子菜单,当前选择以加框形式显示。

④按＜ENTER＞打开系统子菜单。

⑤用上下移动键选择总体子菜单,当前选择以加框形式显示。

⑥按＜ENTER＞打开总体子菜单。

⑦按＜ENTER＞打开语言设置模式。

⑧用上下键选择所需的语言。

⑨按＜ENTER＞确认设置,仪表切换到设置模式,选择的语言开始启用。

例2 设置日期和时间

①在测试数值显示屏内:按＜F1_＞/[Menu],打开 Storage&config 菜单,设备处于运行模式的设置状态。

②按＜上＞＜下＞和＜ENTER＞,选择和确认 System/Clock 菜单,打开日期和时间的设置菜单。

③按＜上＞＜下＞和＜ENTER＞,选择和确认时间菜单,高亮显示小时。

④按＜上＞＜下＞和＜ENTER＞,改变和确认设置,高亮显示分钟。

⑤按＜上＞＜下＞和＜ENTER＞,改变和确认设置,高亮显示秒。

⑥按＜上＞＜下＞和＜ENTER＞,改变和确认设置,时间已设定。

⑦必要时,可设置日期和日期模式。该设置的方法和时间设置一样。

⑧要进一步设置时，通过[Back]＜F1＞切换到更高一级菜单或者通过＜M＞切换使测试数值显示屏仪表处于测试模式状态。

3. 测定操作

(1)可以测试以下参数

①溶氧浓度[mg/L]；

②溶氧饱和系数[%]；

③溶氧分压[mbar]；

(2)准备工作

①将溶氧电极连接至仪表，显示溶氧测试窗口。

②校正或检查带传感器的仪表。

(3)测试过程

①执行准备操作。

②将溶氧电极浸入待测样品中。

为什么要进行溶氧校正？

由于溶氧电极的老化，溶氧电极斜率会稍有变化。校正可以测定电极常数的当前数值，并将此数值储存在仪表内。

(4)何时校正

①连接另一个溶氧电极；

②传感符号闪烁(校正间隔过期)。

在水蒸气饱和的空气中校正(步骤)

①将溶氧电极连至测试仪表；

②将溶氧电极放至空气校正套内；

③通过＜CAL＞开启校正，显示最近一次校正数据(相关斜率)。

4. 故障排除(见表 8-2)

表 8-2　溶氧仪故障与排除

错误信息	原因	补救
OFL	测试数值在量程外	使用合适的溶氧电极
Error	溶氧电极受污染	清洗溶氧电极，必要时更换电极
传感信号闪烁	清洗间隔过期	重新校正测试系统
显示 ◢	电量低	更换电池
按键时仪表没反应	未定义操作条件或电磁兼容下载不允许	复位处理器，同时按下＜ENTER＞和＜ON/Off＞键

第4节　浊度计使用说明

1. 仪器概述及外形

WGZ系列浊度计外观如图8－5所示，它是用于测量悬浮于水或透明液体中不溶性颗粒物质所产生的光散射程度，并能定量表征这些悬浮颗粒物质的含量。本仪器采用国际标准ISO7027中规定的福尔马肼准度标准溶液进行标定，采用NTU作为浊度计量单位。可以广泛应用于发电厂、纯净水厂、自来水厂、生活污水处理厂、饮料厂、环保部门、工业用水、制酒行业及制药行业、防疫部门、医院等部门的浊度测定。

主要技术参数：

测定原理：90°散射光；

最小显示值(NTU)：0.001；

测量范围(NTU)：0～10；0～100；0～200；

示值误差极限%F.S：±2%；

零点漂移NTU/30min：空腔±0.03；零浊度水≤±0.5%F.S；

电压波动影响：±0.3%F.S；

供电电源：交流电源适配器220 V/50Hz或直流1.5VAA碱性干电池1节；

使用环境：温度5～35 ℃；

湿度：＜80%RH不冷凝。

2. 使用操作说明

(1)开机预热

按动仪器面板上的按键“开”，对仪器进行开机预热，显示屏上显示“昕瑞仪器”英文字样并闪烁。微机系统预热15 s后，自动进入测量状态，显示年月日时分，所在量程，测量值及测量单位。

图8－5　浊度计

(2)仪器校正

仪器必须在开机预热5min后使用，在测量状态时按“设置”键一次，进入主菜单LCK设置栏。

①按一下“设置键”进入CS1量程校准状态(测量量程1，测量范围0～10NTU)，10NTU可通过“←、↑、↓”进行修改。

调零：将装好的零浊度水试样瓶置于测量座内，并保证试样瓶的刻线应对准试样座的白色定位线，然后盖好遮光盖，待显示稳定后，按“调零”键，使显示值为0.00(允许误差±0.02)。

校正：取出零浊度水试样瓶，采用同样的方法换上10NTU标准溶液，盖好遮光盖，待显示稳定后，按“校正”键，使显示值为10NTU(允许误差±0.02)。

②按一下“设置”键，进入CS2量程校准状态(测量量程1，测量范围0～100NTU)。

③按一下“设置”键，进入CS3量程校准状态(测量量程1，测量范围0～200NTU)。

调零与校正操作同①。

(3)进入测量状态

通过按“设置键”或者“存储键”退出设置状态，进入测量状态。取出标准溶液，换上样品试样瓶，待显示稳定后，将显示的浊度值加上0.10NTU后即为样品的实际浊度。

(4)关机

自动开机起约过40min后仪器会自动关机，或者按“关”键可直接关机。

(5)测量值存储或打印

在测量状态下按“存储/打印”键时，打印显示内容，同时将显示内容进行储存。如未连接打印机时或打印机处于离线状态时，只进行数据存储。

(6)已存测量值查询

在测量状态下按“查询”键时，显示最近一次已存测量值。通过上下键可对已存测量值最近一次向上查询，共可查20个数据。再按一下查询键，退出查询状态。

(7)测量状态下快捷校准

调零：在测量状态下，放置零浊度水，按“调零键”，可将测量值自动归零。

校正：在测量状态下，放置标准溶液，按“校正”键一下，进入校正状态，通过上下键选择校正点设置值，按一下“校正”键，可将标准溶液进行校正。再按键一次，退出校正状态。

(8)平均值输出

在测量状态下，按“平均”键一次，显示“wait…”字样，微机自动按照辅菜单已设置的平均采样时间进行采样，并对所有采样值进行平均计算，最后稳定显示计算值及测量时间。再按一下“平均”键，可自动退出状态。

(9)错误代码显示

LOW(测量值低)，FULL(测量值无效)。当出现错误代码时，并非仪器本身故障，一般为使用不当所致，只要按照使用操作方法从低到高重新进行调零和校正即可排除故障现象。

3. 维护和检修

①长时间停用的情况下，应定期开机预热一段时间，有利于驱除机内的潮气。

②贮存或运输期间，应避免高温或低温及潮湿的地方，以防止损坏仪器内的光学系统及电器元件。

③定期清洗测样瓶及清除试样座内的灰尘，可以有效的提高测量准确值，清洗时，不能划伤玻璃表面。

④常见故障分析，具体如表 8-3 所示。

表 8-3　浊度计故障分析与维修

故障现象	可能原因	维修方法
不能开机无显示	电源适配器没有开通	检查并排除
	电源插接触不良或松脱	检查插座或调换电源适配器
	供电电池已失效	调换电池
测量无反应	光源不良	返厂检修
	电气系统故障	返厂检修
测量值不稳定或漂移	溶液内有气泡或有颗粒在不停漂移	重新取样或延长读数时间和求平均值
	仪器内部电路受潮	延长开机预热时间进行预热驱潮
	试样瓶外部有水滴	拭干试样瓶
	外界干扰	排除干扰源
	供电电源电压低	调换电池
调零时调不到零位	调零时没有采用零浊度水	改用零浊度水
	调零范围偏移	调节仪器背面 ZERO 调零电位器在 CS1 状态时为 200 mV 左右
	电气系统故障	返厂检修
校正值调不到标准值	标准溶液标准值不准确	准确制备标准溶液
	标准溶液不稳定	准确制备标准溶液
	电气系统故障	返厂检修

第5节　混凝试验搅拌机使用说明

1. 仪器概况及外观结构图

混凝试验搅拌机结构如图 8－6 所示。该仪器全中文工作界面，大屏幕液晶显示，每个操作步骤菜单提示，仅需按键选择，使用非常简单。可存储 12 组程序，每组程序可设 10 段不同转速，程序的编写、修改十分方便。运行时各种参数（程序号、转速、时间、温度、速度梯度 G 值、GT 值）全屏幕显示，工作状态一目了然。控制器与机箱分开设计，使更换维修非常方便。搅拌、加药和升降功能由三块电路板控制，维修仅需更换电路板即可，维修费用极低并且快捷。搅拌电机直接连不锈钢搅拌桨，无机械传动装置，避免传统搅拌机皮带和齿轮等传动部件频繁故障的缺陷。所有机型均配有机玻璃圆形或方形烧杯（1L、1.5L），六只烧杯形状和出水口完全一样，保证试验结果的同步性。

主要技术参数：

①转速：10～1000 rpm，无级调速，转速精度：±0.5%，速度梯度 G 值 10～1000s^{-1}。

②每一段运行时间：0～99 分 99 秒（每个程序最多可运行十段），时间精度：±0.1%。

③测温：0～50 ℃；测温精度：±1 ℃。

④电源：220V ±5%，50/60 Hz；功耗：六联，180 W。

2. 操作步骤

①打开电源，调节控制器右上角的灰度旋钮时屏幕上有清晰文字显示。

②点击控制器上“LIFT”键，使搅拌头抬起，注意：上升“LIFT”和下降“DOWN”只需点击一下就好，2s 后方会执行升降动作，不要按住不放。

③六个烧杯装好水样后放入灯箱上相应的定位孔，按下降键使搅拌头下降。另准备一烧杯放入相同水样，把温度传感器放入水样中，试验过程中传感器将所测得水样温度对应的粘度系数引入控制器芯片参与速度梯度 G 值的计算。

④根据实验要求通过刻度吸管向试管中加入稀释好的混凝剂溶液和稀释用蒸馏水，总体积保持在 9 mL。可通过药液浓度来控制体积。

⑤按控制器上任意一键，即转入主菜单，以后所有的操作均可根据屏幕提示进行。

⑥按数字键 1 或者 2 选择同步运行或独立运行。同步运行：六个搅拌头运行相同程序。独立运行：可分别运行最多 6 组不同程序。当遇到 6 组程序运行时间

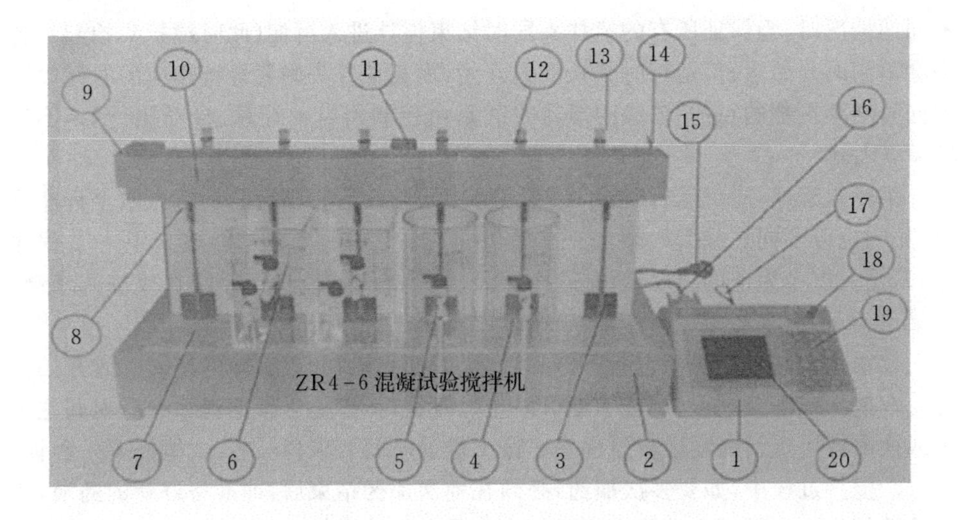

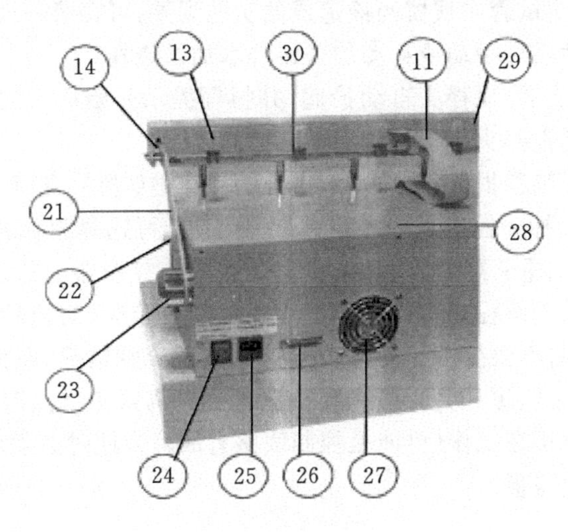

图 8-6　混凝试验搅拌机结构示意图

1—控制器；2—主机；3—搅拌浆；4—圆形烧杯；5—取水样阀门；6—方形烧杯；7—灯箱(塑料板下面)；8. 桨固定螺丝(上面一颗)；9—加药电机；10—搅拌头(内含六个搅拌电机)；11—信号电缆；12—试管定位胶圈；13—加强试管；14—加药手柄；15—电源线；16—连接电缆；17—温度传感器；18—亮度旋钮；19—按键开关；20—液晶显示器；21—升降臂；22—塑料支撑；23—锁紧帽；24—电源开关；25—电源插座；26—连接电缆插座；27—散热风扇；28—主机盖板；29—搅拌头盖板；30—试管夹

不同的情况时，为保证所有的搅拌头同时结束搅拌进入沉淀(此时搅拌头抬起)，各头会不同时开始运行，运行时间长的先开始，而其他各头则要等待相应的时间以达到同时结束搅拌的目的，各头的等待时间是由控制器自动计算、自动执行的，不需实验者考虑。

⑦输入程序：同时运行时输入一个程序号；独立运行则需分别输入六个程序号(可相同也可不同)。注意：输完一个程序号时，要按回车键才能输入下一个程序号，若输入内容为空的程序号，则这个桨不运行；若不输入程序号，直接按回车键，此桨也不运行。

⑧输完程序号后要核查一下，如有误可返回重输，如正确即可按回车键开始搅拌。在搅拌或沉淀过程中，按下键可终止程序运行，停止后根据提示选择返回主菜单或换水样后重新启动运行原程序。按下键的时间要求稍长些，大概需要一秒钟。

⑨搅拌过程中，如要多次加药，必须在前次加药结束后，即准备好新的药液，注入试管等待。为了减少试管中残留药液造成的实验误差，可在第一次加药后，用等量蒸馏水洗涤试管，然后用手动或自动加药将洗水加入烧杯。

⑩当各段搅拌完成后，搅拌头自动抬起，并报警提示开始进入沉淀。注意：若程序未设置沉淀段，则搅拌头搅拌结束后不会抬起。

⑪沉淀结束后，蜂鸣器报警(按除1、2键外的任意键解除)，此时可取水样测试浊度或COD等水质指标。控制器自动转入另一菜单，可选择返回主菜单或继续运行原程序。在搅拌头重新降下前，必须先解除报警。控制器上的复位键用于控制器的重新启动，常用于编程，输入程序号，程序查阅等步骤，对搅拌头不起作用，因而在各搅拌桨运行时不要按动。若发现搅拌桨出现异常情况，而按下键终止也不起作用时则需关掉总电源开关。当搅拌头运动到最高或最低点时，若蜂鸣器仍响个不停，则说明电机仍在工作(可能是控制线路有故障)，此时必须关电停机进行维修，考虑更换提升电路板。

3. 编写程序

本控制器可编写存储多达12组数据，每个程序最多可设十段不同的转速和时间。编程方法如下：主菜单中选择编程操作，输入程序号，按回车键，显示屏上出现程序表格。光标在待输入处闪动，按数字键即可依次输入各项内容，光标自动右移，换行，请注意分钟和秒钟都是两位数，转速为四位数，高位若为零，也应输入零或按“→”跳过。如在该段程序开始时要自动加药，即在加药栏输入数字“1”，不加药则输入“0”；最后沉淀程序需把转速设为“0000”。对原有程序进行修改时，可用四个箭头键将光标移到相应位置，再输入新数字。当输入程序后，以前的各段程序就全部自动删除。程序编写或修改完后，按回车键结束，根据屏幕上的提示选择存储或者继续编写等功能。在主菜单可按4键进入程序查阅，可查看各程序内容，按下键向后翻页。在查阅时不能修改程序。在主菜单按 5 键可删除所有程序。本机不能单独删除某一段程序。

4. 注意事项及故障处理

①本搅拌机虽然已考虑了防水问题，但实验者仍须注意避免将水溅到机箱或控制器上，溅上后要立即擦干。

②当工作头处于升起状态时，避免将手放在搅拌桨下，以防工作头突然掉下来伤手。

③搅拌头在工作时，不能升降出入水，若叶片一边高速旋转一边进入水中，可能会损坏电路，此点必须注意。若不慎操作错误，须立即关掉电源，5min 后再开机检查。

④某一搅拌头不转动：打开主机盖板，查看右侧驱动电路板上对应保险管是否完好。

⑤若液晶显示器亮，但是转动亮度旋钮不能调出文字，可考虑更换电位器；打开控制器，更换与亮度开关相连接的电位器；若还无字则要更换液晶，液晶安装在控制器内的控制电路板与窗口间，只需松开相应插头和螺丝即可更换。

⑥控制器上按键一个或多个不动作：打开控制器，将按键后面引出的透明排线从控制电路板上拔掉，再插紧，看是否接触不良造成；若不行，则要更换整个按键薄膜，松开排线插头，从控制器外面撕掉整个蓝色按键，贴上新的，再插紧插头即可。

⑦控制器液晶和主机内日光灯都不亮：有可能是主机后右侧的电源插座内保险丝烧掉，可检查更换。电源插座内有两根保险管，一用一备；如果您更换后仍然不亮，则可能是主机箱内的开关电源故障，用万用表测量确定后更换，开关电源更换需要专业人员。

⑧若机箱内蜂鸣器持续鸣叫，搅拌头不提升或提升不到位，则需要更换主机内左侧的提升电路板或提升电机。强烈建议本机单独使用一个电源插座，若与别的电器共用插座，有可能受到干扰，在搅拌过程中，工作头会突然升起。

⑨有时搅拌机开箱使用时，会出现灯箱内亮度不均匀的情况，这可能是有灯管在运输过程中松动造成的。先关闭电源开关，拔掉电源线，将搅拌机向后侧翻转 90°，露出底部，松开灯箱底部螺丝，拿出灯箱，旋转灯管到位即可；若灯管损坏，则更换同型号日光灯管。

第 6 节　低速离心机使用说明

1. 仪器概况与外形

低速离心机外形如图 8－7 所示。该机为台式结构，采用直流无刷电机驱动，微电脑控制转速和离心时间,键盘设定工作参数,高亮度、长寿命 LED 数字显示离心时间、转速和离心力。该机采用提篮式试管适配器,可与多种试管匹配,拿取方便。该机广泛应用于医学检验、基础医学、农业科学、化工、生物等各类实验室。

主要技术参数:

①最高转速:6000 rpm

②最大相对离心力:5000 g

③转速精度:±20 rpm

④转子最大容量:100 mL×4

⑤温升指标:≤10 ℃(运行 20 分钟)

⑥噪 音:≤65 dB

⑦定时范围:1~9999 min/连续/点动

⑧结 构:钢制结构,不锈钢离心腔

⑨重 量:51 kg

⑩外形尺寸:430 mm×500 mm×415 mm (L×W×H)

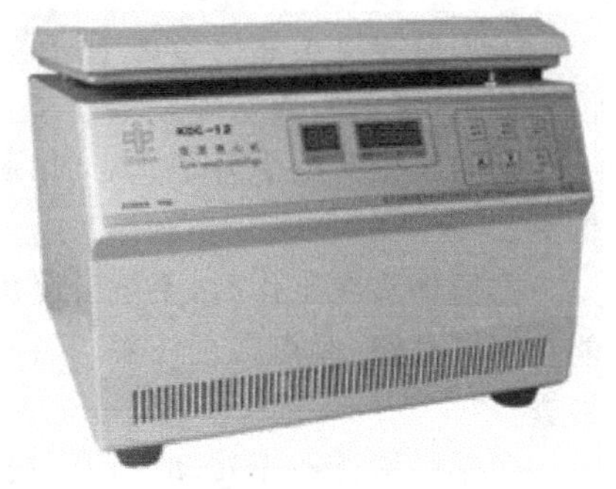

图 8-7 低速离心机

2. 控制面板说明

仪器控制面板如图 8-8 所示。

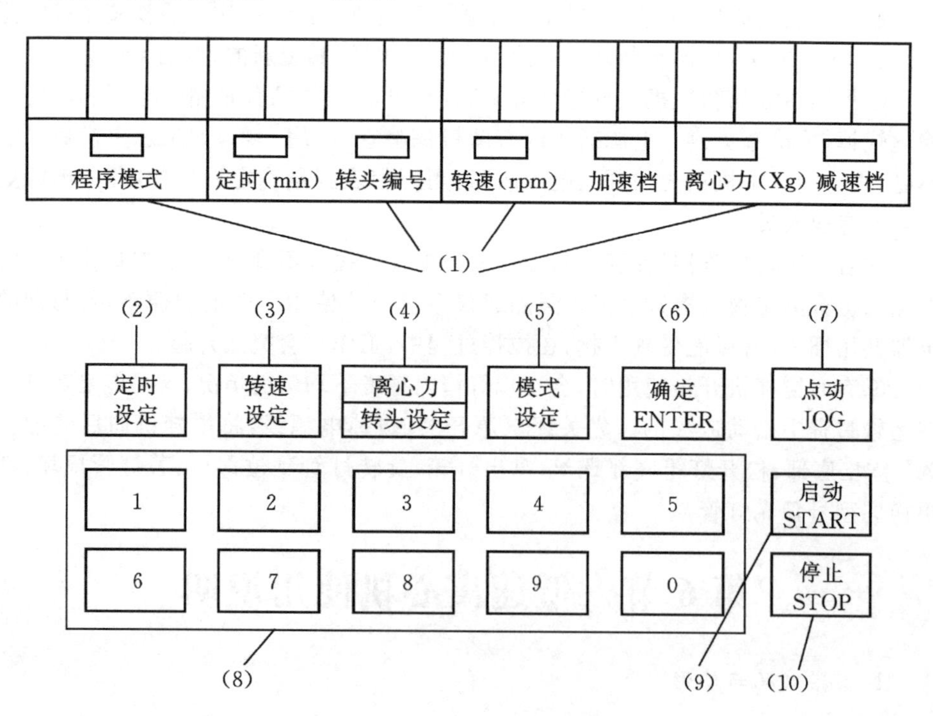

图 8-8 控制面板示意图

仪器控制面板各部分的功能如表 8-4 所示。

表 8-4 离心机控制面板各部分功能

序号	名称	功能说明
(1)	显示状态	显示设定状态,当某种状态有效时,对应指示灯亮
(2)	定时设定键	用于样品离心所需时间的设定
(3)	转速设定键	用于样品离心过程中所需转速的设定
(4)	离心力/转头设定键	用于样品离心过程中所需离心力或转头的设定
(5)	模式设定键	用于样品离心所需模式的设定
(6)	确定键	用于每次设定参数后的确认
(7)	点动键	用于离心机的点动运转
(8)	数字键	用于对设定参数的修改
(9)	启动键	按此键可使离心机开始运转
(10)	停止键	按此键可使离心机停止运转

3. 操作步骤

打开电源开关,离心机显示出厂前的设定值。如果您对“定时”、“转速”、“离心力”等参数进行修改,可以按以下方法进行操作。

(1)时间修改

定时设定可分为:连续运转和按设定时间运转。

连续运转:当定时窗口显示为数字时,按两次“定时设定”键,定时窗口闪烁显示为□□□□,按“确定”键确认后,离心机即为连续运转。

按设定时间运转:当定时窗口显示为数字时,按一次“定时设定”键,定时窗口闪烁显示此时间值,按数字键对其进行修改为需要的时间值,按“确定”键确认。定时窗口显示为□□□□时(即处于连续运转状态),按一次“定时设定”键,定时窗口闪烁显示一数字如 60,再按数字键对其进行修改为需要的时间值,按“确定”键确认。

(2)转速修改

按一次“转速设定”键后,按数字键对转速进行修改,按“确定”键确认。在修改过程中,对应的离心力也作相应的变化并在离心力窗口中显示。

(3)离心力修改

按“离心力/转头设定”键,在离心力显示窗口显示此时的离心力,按数字键对离心力进行修改,按“确定”键确认。在修改过程中,对应的转速也做相应的变化并在转速窗口中显示。

注：转速和离心力是交互设定的，如两者都被修改时，则以后设的为准。

(4)转头型号修改

按"离心力/转头设定"键，在转头编号显示窗口显示此时机器默认的转头型号，如要切换为其他转头则按数字键"1"、"2"或"3"，转头编号显示窗口会显示不同的转头型号，当显示为所需的转头型号后按"确定"键确认。

(5)程序模式编程

离心机内含12种可编程序模式和10种加减速档。在每一种程序模式里，可存储不同的定时时间、转速、离心力、加速档和减速档，以便于用户根据需要对不同模式进行编程，以备以后使用时调用。

如果您想改变程序模式，可以按一次"模式设定"键，"程序模式"窗口开始闪烁显示，此时程序模式显示为当前程序模式，按数字键对其进行修改，一直到您所需要的模式，按"确定"键确认，即调出您所需要的模式。

如果您想对程序模式中设定的内容进行修改，可连续按两次"模式设定"键，"定时"窗口开始闪烁显示，参照(1)～(3)条，即可对"定时"、"转速"、"离心力"进行修改。当离心力参数修改完成后再按"确定"键，"加速档"窗口开始闪烁显示，此种程序模式下的当前加速档设定内容，此时按数字键可对减速档进行修改，按"确定"键确认后，"离心力"开始闪烁显示，按数字键对其进行修改，按"确定"键确认后，"减速档"窗口开始闪烁，显示此种程序模式下的当前减速档设定内容，按数字键对其进行修改，按"确定"键确认后，一次修改或编程结束，且以上修改或设定的参数被保存在当前的程序模式中。

注：①每种程序模式中的加速和减速分别包含10个档，其中0档为最快档，第9档为最慢档。②如果用户第一次使用某种转头，离心机软件将默认第一种程序模式；如果用户第一次使用程序模式，加、减速档均默认的是第5档。③如转头半径过大，加、减速将受限制。④在修改过程中，如果长时间没有按"确定"键确认，则软件会自动进行确认，即延时确认。⑤12种程序模式，各自独立，没有优先顺序，每种模式均可由用户根据需要设定。

(6)使用举例

设定模式：按一次"模式设定"键，若此时程序模式为1则显示为1，按数字键修改模式数值，最后按"确定"键确认。

设定模式内参数：按"模式设定"键，再按数字键，此时可修改模式号，再按一次"模式设定"键，定时窗口闪烁显示，按数字键可修改离心时间，最后按"确定"键确认；确认后自动转为转速窗口闪烁显示，按数字键可修改转速，按"确定"键确认；确认后自动转为加速档窗口闪烁显示，按数字键可修改加速档位。例如加速档位2，则显示为ACC2,此时按数字键可对加速档进行修改,按“确定”键确认;确认后自动转为离心力窗口闪烁显示,按数字键可修改离心力,按“确定”键确认;确认后自动转为减速档窗口闪烁显示,按数字键可修改减速档位,按“确定”键确认。

(7)离心机提供点动功能,按住“点动”键,离心机开始按设定转速运转,如中途松开“点动”键,则离心机开始降速直至停止运转,如再次按住“点动”键,则离心机仍然可以进行点动运转。

4.常见故障分析与排除(见表8-5)

表8-5 离心机常见故障分析与排除

故障现象	原因分析	排除方法
无显示或显示紊乱	主回路保险丝(10A)熔断	更换同规格保险丝
	接至显示板上的扁平电缆松脱	打开机箱,压紧扁平电缆
	单片机误操作,工作程序紊乱	关断主机电源开关,等数分钟后再开机
有显示但离心机不能正常工作	设定参数后,未按“设定确认”	按“设定确认”键或重新操作
	门盖未关好	重新关好门盖
	供电压不足,速度上不去	改变供电电源
	上次离心结束后,未开门换样	开门后再关好门
	按键开关因接触不良而失灵	打开机箱,检查按键开关,必要时更换
噪声大	机械安装部件的紧固件松动	旋紧各紧固件
	驱动电机损坏	更换电机
	吊杯长期使用不当有腐蚀	更换同规格型号的吊杯
	仪器处于倾斜状态	调整仪器至水平状态
	放置仪器的工作平台不稳固	将仪器放置在稳固的工作平台上
转速不稳定	控制线路或变频器有故障	更换线路板或变频器
不平衡保护	吊杯内样品放置不平衡	重新放置样品试管
	吊杯内有污水	污水擦拭干净
	电机减震器老化或电机法兰盘松动	重新更换同规格减震器或旋紧法兰盘上紧定螺丝

第7节　可见光分光光度计使用说明

1. 仪器外形及部件名称

可见光分光光度计外形如图8－9所示。仪器操作键介绍如下。

①“设定方式”键(MODE):用于设置测量方式。可供选择的测定方式有:透射比方式、吸光度方式。

②“100%T/0ABS”键:用于自动调整100.00%T(100.00%透射比)或0ABS(零吸光度)。

③“0%T”键:用于自动调整零透射比。仪器开机预热后,将挡光体插入样品架,将其推或拉入光路,按“0%T”键调零透射比(T方式下),仪器自动将透射比零参数保存在微处理器中,仪器在不改变波长的情况下,一般无需再次调透射比零。

④“波长设置”旋钮:用于设置分析波长,显示窗在仪器的顶部。

⑤电源开关:用于控制仪器电源开或关。在通电前,先检查工作电压是否与供电电压相符。

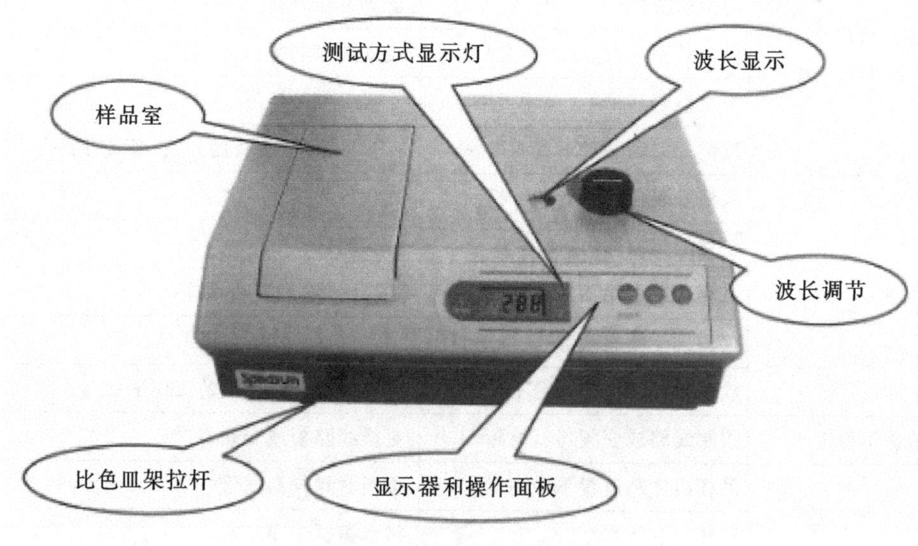

图8－9　可见光分光光度计

2. 仪器的使用

(1)测试前准备

①打开电源开关,使仪器预热20min。

②用“波长设置”旋钮将波长设置到将要使用的分析波长位置上。

③打开样品室盖，将挡光体插入比色皿架，并将其推或拉入光路。

④盖好样品室盖，按“0%T”键调透射比零(在 T 方式下)。

⑤取出挡光体，盖好样品室盖，按“100%T”调 100%透射比。

(2)测试步骤

①获得样品的透射比参数。

a. 按“方式键”(MODE)将测试方式设置成透射比方式，显示器显示“000.0”。

b. 用“波长设置”按钮设置需要的分析波长。

c. 将参比溶液和被测溶液分别倒入比色皿中。

d. 打开样品室，将盛有溶液的比色皿分别插入比色皿槽中，盖上样品室盖。

e. 将参比溶液推入光路中，按“100%T”键调整 100%T。

f. 将被测溶液推入光路，显示器上显示的是被测样品的透射比参数。

②获得样品的吸光度参数。

a. 按“方式键”(MODE)将测试方式设置为吸光度方式，显示器显示“0.000”。

b. 用“波长设置”按钮设置需要的分析波长。

c. 将参比溶液和被测溶液分别倒入比色皿中。

d. 打开样品室，将盛有溶液的比色皿分别插入比色皿槽中，盖上样品室盖。

e. 将参比溶液推入光路中，按“100%T”键调整 0ABS。

f. 将被测溶液推入光路，显示器上显示的是被测样品的吸光度参数。

3. 常见故障与排除

当仪器出现故障时，应首先切断主机电源，然后按以下步骤检查。

①接通仪器电源，观察钨灯是否亮。

②T\A 键是否选择在相应的状态。

③样品室是否盖紧。

④样品槽位置是否正确。

⑤波长选择 580 nm 时，打开试样盖，用白纸对准光路聚集位置，应见到一个较亮的长方形橙黄色光斑。偏红或偏绿时说明仪器波长已经偏移。

⑥在仪器技术指标规定的波长范围内，是否能调“100%T”或“0ABS”。

⑦比色皿选择拉杆是否灵活。

第 8 节　COD 快速测定仪使用说明

1. 仪器概述与外形

化学需氧量(COD 或 COD_{cr})是指在一定严格的条件下，水中的还原性物质在外加的强氧化剂的作用下，被氧化分解时所消耗氧化剂的数量，以氧的 mg/L 表示。化学需氧量反映了水受还原性物质污染的程度，这些物质包括有机物、亚硝酸盐、亚铁盐、硫化物等。但一般水及废水中无机还原性物质的数量相对不大，而被有机物污染是很普遍的，因此，COD 可作为有机物质相对含量的一项综合性指标。COD 快速测定仪采用密封消解样品，并采用先进的冷光源，窄带干涉技术及微电脑自动处理数据，直接显示样品的 COD(mg/L)值，其外观如图 8-10 所示。该仪器广泛适用于环境监测、污水处理及大专院校、科研单位等部门。

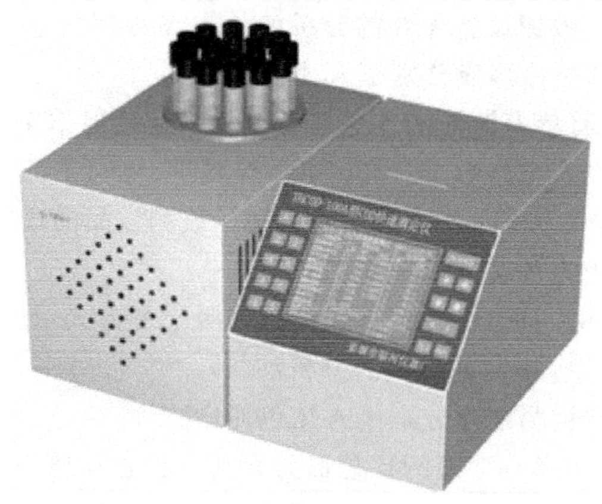

图 8-10　COD 快速测定仪

2. 操作步骤

(1)开机及参数调整

①依次连接好 220 V 交流电源线及消解器与主机的电缆，检查无误后打开电源开关。测定样品前仪器必须预热半小时。

②系统缺省消解温度为 165 ℃，消解时间为 10 min，若需修改，可重新设定。

③系统时钟若有误，可重新设定修改。

④选定曲线可在 1～5 之间选择。

(2)样品的消解

①如不需进行消解温度及消解时间的修改，打开消解器开关，消解炉自动升温，至 165 ℃时保持恒温，显示器温度栏跟踪显示炉温。

②将装有样品的反应管依次放入已恒温的炉孔内，当炉温降至 165 ℃以下时按“消解键”，当炉温回升至设定温度后，仪器开始计时消解。

③经 10 min 恒温消解，仪器发出蜂鸣声，提示样品消解时间到。

④将反应管从炉孔内取出，冷却，待测。

(3)标准曲线

水样中化学耗氧量 C 与消解后样品中的吸光度 A 在一定范围内呈线性关系，其表达式为：$C=K\cdot A+b$ 标准曲线，通过测定系列已知 COD 值标准样品的吸光度，仪器通过最小二乘法自动算出 K，b 及 r 值。其中，K 为斜率，其值在 1.0～9999.9 之间；b 为截距，其值在 −999.9～999.9 之间，r 为相关系数，其值在 0～1 之间。

①移动光标选择“曲线标定”选项，按“确认”键予以确认。

②光标自动移至曲线标定区中序号为“0”的 COD 值处，用预先消解好待测的空白标样清洗比色皿，并缓缓注入一定量的空白标样于比色皿内，打开比色计盖子，将比色皿平移置入比色室内，盖上比色计盖。此时吸光度处显示该吸光度值，待读数稳定后，按“确认”键，仪器自动调零。同时光标自动移至序号“1”的 COD 值处。

③用 1 号标样清洗比色皿后，并注入一定量的标样于比色皿内，将比色皿平移置入比色室内，盖上比色计盖。此时吸光度处显示该标样吸光度值，待读数稳定后输入其理论 COD 值，并按“确认”键予以确认。此时光标自动移至序号“2”的 COD 值处。

④重复上述操作，分别标定其余标样，直至全部标样标定完后，按“结束”键结束标定，仪器自动算出并在标定曲线区显示此次标定的最小二乘法标准曲线方程及 r 值。输入该曲线序号（$I=1\sim5$），按“确认”键保存该曲线于仪器内。

(4)测定样品

①利用光标选择“选定曲线”选项后，按“确认”键予以确认，然后按键选择所需的标准曲线序号，按“确认”键确认，此时标准曲线区自动显示该条曲线及 r 值，按“确认”键予以确认。

②选择“测试空白”选项，按“确认”键进入空白样品的测定。将已消解好待测的空白样品注入比色皿内，测定其吸光度，待吸光度值稳定后，按“确认”键，仪器自动调零。

③选择“测试样品”选项，按“确认”键进入实际样品测定，将已消解好待测的样品注入比色皿内，测定其吸光度，待吸光度值稳定后，按“确认”键予以确认，则可显示该样品的 COD 值，并于“历史记录”区处存储及显示该值。

(5)输入曲线

①移动光标选择“曲线标定”选项，按“确认”键予以确认。

②光标自动移至标准曲线区曲线方程处，利用数字键及移动光标输入该曲线方程，“＋”“－”号需要上键修改，按“确认”键确认。

③光标自动移至 r 值处，此时可不需输入 r 值直接按“确认”键确认。

④光标自动移至曲线序号(I)处，输入该曲线的序号(1～5)按确认键即可将该

曲线存入仪器内。

(6)删除曲线

仪器工作一段时间后,如认为某条曲线不适用需删除,则移动光标选择“删除曲线”选项,按“确认”键确认,然后利用“键头”键选定所需曲线的序号,按确认键确认可删除。

3. 试剂配制

(1)邻苯二甲酸氢钾标准溶液

①准确称取在105~110 ℃烘干2h的邻苯二甲酸氢钾(优级纯)0.8501g,溶于500 mL容量瓶中,以蒸馏水定容至标线,摇匀备用,该标液的COD理论值为2000 mg/L。

②准确移取理论值为2000 mg/L标准溶液50 mL于100 mL容量瓶中,并以蒸馏水定容至标线,摇匀备用,该标液的COD理论值为1000 mg/L。

③准确移取理论值为1000 mg/L标准溶液10 mL于100 mL容量瓶中,并以蒸馏水定容至标线,摇匀备用,该标液的COD理论值为100 mg/L。

(2)专用氧化剂(随机配备)

①COD值为5~100 mg/L氧化剂。取标明5~100 mg/L专用氧化剂整瓶于250 mL烧瓶中,先加入160 mL蒸馏水,再加入40 mL浓硫酸,冷却至室温置于试剂瓶中,摇匀备用。

②COD值为100~1200 mg/L氧化剂。取标明100~1200 mg/L专用氧化剂整瓶于250 mL烧瓶中,先加入160 mL蒸馏水,再加入40 mL浓硫酸,冷却至室温置于试剂瓶内,摇匀备用。

③COD值为1000~2000 mg/L氧化剂。取标明1000~2000 mg/L专用氧化剂整瓶于250 mL烧瓶中,先加入160 mL蒸馏水,再加入40 mL浓硫酸,冷却至室温置于试剂瓶内,摇匀备用。

(3)专用复合催化剂贮备液(随机配备)

取整瓶催化剂溶于200 mL浓硫酸中,摇匀放置1~2天,使其完全溶解,并置于阴暗处存放。

(4)专用复合催化剂使用液

取专用复合催化剂贮备液100 mL,再加入400 mL浓硫酸,摇匀备用。

(5)掩蔽剂

称取20g硫酸汞,溶解于200 mL 10%的硫酸溶液(20 mL浓硫酸缓慢加入到180 mL蒸馏水中)。

第9节　BOD分析仪使用说明

1. 仪器概况及外形

BOD分析仪作为电子设备仪器是依据ICE 1010安全标准进行制作并测试的，它使我们的测试符合绝大多数的技术安全要求，其外形如图8-11所示。只有当用户理解了操作手册中规定的有关安全注意事项后，仪器的功能和操作安全性才有保障。

①在上电前，要确保变压器上标明的电压与电源电压相符。

②注意磁性，要考虑到磁场的影响。

③周边气候条件要符合操作手册中"技术参数"一节中的规定，只有这样，才能保障最佳的仪器操作，及功能的安全性。

④如果仪器从温度低的地方移到温度高的地方时，可能会产生凝结现象，可能会干扰仪器功能，这时要等到温度平衡后才能使用。

⑤维修工作只能由授权的有资格的技师来完成。

⑥如果怀疑仪器的操作安全性，要适当作上标记，防止进一步使用。

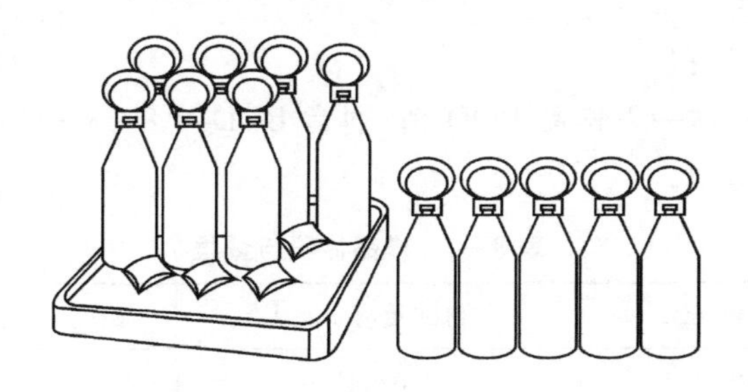

图8-11　BOD分析仪

2. 操作指南

(1)测试原理

OxiTop测试采用BOD压力测试法(压差测试)，用压电传感器测压力。下列功能使OxiTop测试系统简化了测试，非常适宜无汞压力BOD测试法。

①AUTO TEMP功能。控制温度，自动开始测试，启动测试后最早一小时，最迟三小时。在启动测试之前不必要准确调整到20 ℃。温度在15～20 ℃的样品可以立刻启动测试，仪器直到温度达到20 ℃时才能测试。这就是所谓的自动调温功能。

②数据记录。每天自动存储数据一次，可达五天，便于无人看护，可自动测试。

③当前值。显示测试值(0～40)，一起把压力转化成数字显示后，测试值不能改变。

④量程预留。40～50数字，超量程时不必开瓶复位。

(2) BOD_5 测试

通常情况下市政污水不含有毒物质，其中有充足的营养成分和合适的微生物，在这种情况下，OxiTop测试系统不用稀释样品就可以分析 BOD_5。

(3)测试时需要辅助器件

- OxiTop测试系统
- 电磁感应搅拌系统
- 恒温培养箱(20±1 ℃)
- 棕色瓶(标准体积510 mL)
- 搅拌子
- 搅拌杆
- 合适的溢流烧杯
- 橡胶套
- NaOH药丸

(4)选择样品体积

测试之前要预估一下样品 BOD_5 值，通常 BOD_5 =80% * COD。从表8-6可以查出所需样品体积。

表8-6 样品体积与量程

样品体积 mL	测试量程 mg/L	系数
432	0—40	1
365	0—80	2
250	0—200	5
164	0—400	10
97	0—800	20
43.5	0—2000	50
22.7	0—4000	100

3. 测试步骤

要点：量样品体积时，通常用溢流烧杯或者量筒，从表8-6中选出合适的样品体积，量程太大会造成测试不准确，通常预估的BOD值为COD的80%。

①制样并把样品注入瓶子中。

②漂洗瓶壁后彻底倒空。

③准确量取一定体积的样品，保证样品中含足够的溶解氧气，样品要完全混合均匀。

④把电磁搅拌子放入瓶子中。

⑤把橡胶套装到瓶颈上。

⑥用镊子往橡胶套中加入两粒 NaOH 药丸(注：药丸不能掉入样品中！)

⑦旋上直读培养瓶，注意要旋紧。

⑧把整套仪器放入培养箱中，在 20℃条件下放置 5 天，仪器等样品温度达到 20 ℃才能开始测试氧气消耗量，最少一小时，最多三小时，由 AUTO TEMP 功能控制。

⑨在这五天中，样品一直在搅拌状态中，OxiTop 每隔 24 小时自动储存一次数值，若要显示当前测试值，请按 M 键。

⑩5 天后读出存储的数值。按 S 键将读出储存的测试值(1 s)。再按一次，将显示第二天的 BOD 值，测试值显示 5 s，如图 8－12 所示。

⑪把显示值转换成 BOD 值，数字 * 系数＝ BOD_5，单位 mL。

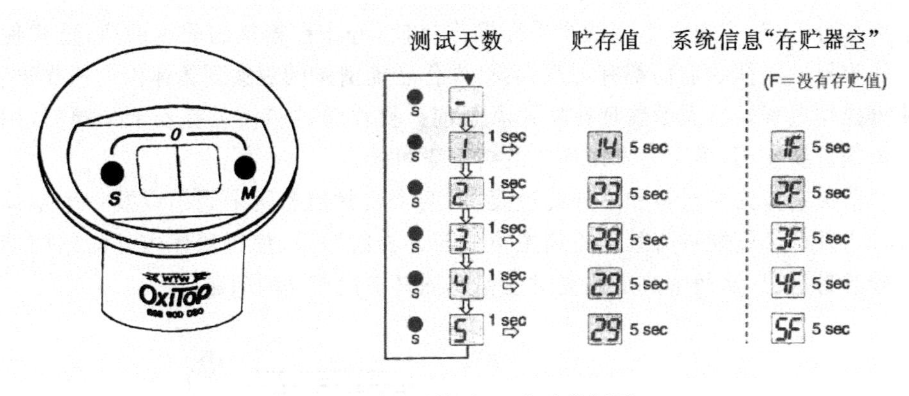

图 8－12　测试系统及 5d 存贮数据图

4. 故障分析及注意事项

(1)如果测试值低于量程下限，屏幕将显示 00 或者很小的数值，可能原因是仪器密封效果不好，此时请检查橡胶套，旋紧直读培养瓶。样品准备不充分或样品温度调节不够(＜15 ℃)也可能造成测试值低于量程下限。

(2)超过测试范围：选的量程太小，如果 BOD＞2000 mg/L，我们的建议是稀释样品，投加硝化抑制剂。

(3)注意事项。

①不能用杀毒剂！（杀毒剂会杀死有用的微生物）。

②用刷子清除瓶壁上的粘黏物。

③用清水或待测样品漂洗瓶壁。（使用洗涤剂后要彻底漂洗，因为洗涤剂会干扰 BOD_5 分析）。

④不能使用酒精或丙醇。

⑤用软湿布和肥皂水清洗。

第 10 节　不锈钢真空手套箱使用说明

1. 仪器概述及外形

在化学反应及试验样品的处理中，有些物质对氧及水非常敏感，在普通自然环境中无法进行，在真空容器中虽能进行这类物质的化学反应，但无法进行操作，这使得这类物质的化学反应及样品的处理非常困难。使用真空手套箱可使这类物质在相对无氧无水的惰性气体环境中自如的反应和操作，故在化学、化工、生化和电池，特别是某些催化剂和金属有机物的制备和研究方面，有着广泛的用途。

不锈钢真空手套箱外观结构如图 8 - 13 所示。本操作箱主要由主箱体及前级室两部分组成，主箱体上有两个手套操作接口，分布在箱体的前后两边，这样使得操作容易。箱体的前面都有可观察窗，操作者能清楚的观察到箱体内的操作过程，使得操作过程较直观的展现在操作者眼前。操作箱的箱体上有若干个阀门，用户可根据需要使用，需要通水或通气的情况下可接入。

前级室作为主箱体和室外的过渡，由两个密封门和两个阀门以及一个室体组成。内外两个门能够有效地隔绝主箱体与外界的联系，使得箱体内外的东西能够比较容易进出，从而解决了反复对主箱体抽真空机充气的问题。

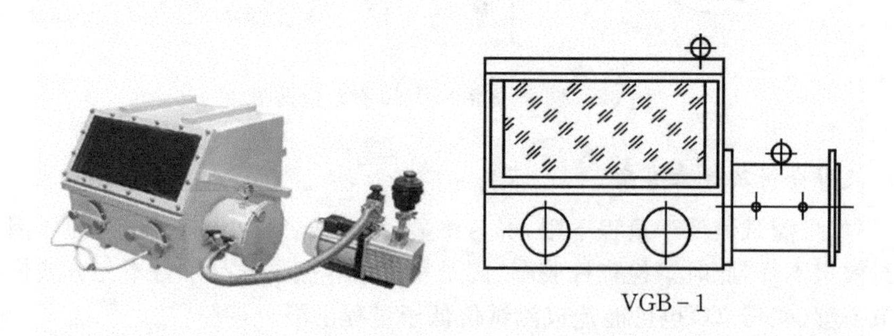

图 8 - 13　不锈钢真空手套箱外观结构图

2. 操作步骤

抽真空前后操作如下。

①先打开前级室里面的门，然后关上所有手套接口压盖、阀门和前级室外的门。

②将所有手套接口上的抽气口用真空橡皮管连接起来，接到一个阀门上，并打开该阀门，使得抽气箱体和手套内同时抽真空。

③将真空泵接到前级室上的一个阀门上，打开该阀门就可以抽真空了。

④抽完真空后请先关闭阀门，再关闭真空泵。

⑤然后向箱体内充惰性气体，使箱体内、外压力基本平衡。关掉连接手套的阀门，取下手套接口上的压盖，就可以进行操作了。

箱体上主要配件的使用方法如下。

①本产品分为主箱体和前级室两部分，主箱体不能单独抽真空，前级室可单独抽真空。

②在使用过程中要将物品放入或拿出主箱体时，请将前级室的内门关上，打开前级室的外门将所需的物品放入，然后关上外门，利用前级室上的两个阀门进行抽气和充气，当主箱体和前级室的压力平衡后，打开里面的门。

③前级室门的开启方法，将前级室门上的杠杆旋转放入另一头的定位立柱槽里。旋转杠杆上的四个把手使门关紧，开门反之。

3. 注意事项

①如箱体出现漏气，首先检查前级室门是否关紧，前级室的两个门上的杠杆要卡在定位槽上，如还有漏气请检查真空表座，阀门及两个门上的“O”型圈及真空橡皮。前级室门上的“O”型圈要定期更换。

②抽气时，如手套发生爆裂，请检查所接阀门是否打开。充惰性气体时，请缓慢打开阀门，并随时注意手套的变化。

③箱体上的任何一个阀门都可抽气或充气。

参考文献

[1] 章非娟,徐竞成. 环境工程实验[M]. 北京:高等教育出版社,2006.
[2] 吴俊奇,李燕成. 水处理实验技术[M]. 北京:中国建筑工业出版社,2009.
[3] 樊青娟, 刘广立. 水污染控制工程实验教程[M]. 北京:化学工业出版社,2009.
[4] 严子春. 水处理实验与技术[M]. 北京:中国环境科学出版社,2008.
[5] 彭党聪. 水污染控制工程实践教程[M]. 北京:化学工业出版社,2011.
[6] 陈泽堂. 水污染控制工程实验[M]. 北京:化学工业出版社,2003.
[7] 孙丽欣. 水处理工程应用实验[M]. 哈尔滨:哈尔滨工业大学出版社,2002.
[8] 邱轶兵. 试验设计与数据处理[M]. 合肥:中国科学技术大学出版社,2008.
[9] 李志西,杜双奎. 试验优化设计与统计分析[M]. 北京:科学出版社,2012.
[10] 刘文卿. 实验设计[M]. 北京:清华大学出版社,2005.
[11] 韩照祥. 环境工程实验技术[M]. 南京:南京大学出版社,2006.
[12] 尹奇德,王琼,夏畅斌. 环境工程设计性、研究性实验技术[M]. 北京:化学工程出版社,2009.
[13] 杨旭武. 实验误差原理与控制[M]. 北京:科学出版社,2009.
[14] 李兆华,胡细全,康群. 环境工程实验指导[M]. 北京:中国地质大学出版社,2010.
[15] 尹奇德,王利平,王琼,环境工程实验[M]. 华中科技大学出版社,2009.
[16] 中华人民共和国国家标准·生活饮用水标准检验方法总则(CB/T 5750.1—2006)[S]. 北京:中国标准出版社,2006.
[17] 国家环保局编. 水和废水监测分析方法(第4版)[M]. 北京:中国环境科学出版社,2002.
[18] 张可方,水处理实验技术[M]. 广州:暨南大学出版社,2009.
[19] 张学洪,张力,梁延鹏. 水处理工程实验技术[M]. 北京:冶金工业出版社,2008.
[20] 楼菊青. 环境工程综合试验[M]. 杭州:浙江工商大学出版社,2009.
[21] 裴元生. 水处理工程实验与技术[M]. 北京:北京师范大学出版社,2012.
[22] 章北平, 陆谢娟, 任拥政. 水处理综合实验技术[M]. 武汉:华中科技大学出版社, 2011.

[23] 董彦杰. 化学基础试验[M]. 北京:化学工业出版社,2012.
[24] 张晓健,黄霞. 水与废水物化处理的原理与工艺[M]. 北京:清华大学出版社,2011.
[25] 张自杰. 排水工程(第四版)[M]. 北京:中国建筑工业出版社,2000.
[26] 彭党聪. 水污染控制工程(第三版)[M]. 北京:冶金工业出版社,2010.
[27] 贺延龄. 废水的厌氧生物处理[M]. 北京:中国轻工业出版社,1998.
[28] 任南琪,王爱杰. 厌氧生物技术原理与应用[M]. 北京:化学工业出版社,2004.